Abwasserfachgruppe
der Deutschen Gesellschaft für Bauwesen e.V.

Anweisung

für die

Durchführung von Niederschlagsmessungen

(ADN 1936)

aufgestellt

auf Grund der Anleitung
für die Beobachter an den Niederschlagsmeßstellen
des Deutschen Reichswetterdienstes

für

Meßstellen außerhalb des Deutschen Reichswetterdienstes

München und Berlin 1936
Kommissionsverlag von R. Oldenbourg

Die im folgenden abgedruckte „Anleitung für die Beobachter an den Niederschlagsmeßstellen des Deutschen Reichswetterdienstes" ist vom Reichsamt für Wetterdienst aufgestellt worden und in erster Linie für die Dienststellen und Beobachter des Reichswetterdienstes gedacht. Darüber hinaus ist es aus Gründen der Einheitlichkeit zweckmäßig, daß die Anleitung auch von allen denjenigen Stellen als verbindlich angesehen und benutzt wird, die Niederschlagsbeobachtungen für gewässerkundliche Zwecke, für die Stadtentwässerung und Städtereinigung, die Wasserversorgung, den landwirtschaftlichen Wasserbau oder aus sonstigen praktischen oder wissenschaftlichen Gründen ausführen. Es sind dies im wesentlichen die Städte, Wasserwirtschaftsverbände, Wasser- und Abwassergenossenschaften, Bauämter, wissenschaftlich-technische Anstalten, Behörden der Landwirtschaft usw. Allen diesen Stellen wird die Einführung der Anleitung dringend empfohlen. Insbesondere wird auch auf die praktische Bedeutung der bisher noch nicht überall durchgeführten Schneehöhenmessungen — so vor allem für die Kostenschätzung von Schneeräumungsarbeiten in Städten, auf Land- und Autostraßen usw. — sowie der Messung des Wassergehaltes der Schneedecke — zur Lösung der praktisch wichtigen Frage, wieviel Wasser beim Vorhandensein einer Schneedecke bei plötzlich eintretendem Tauwetter den Flüssen und Bächen, dem Stadtentwässerungsnetz usw. zugeführt werden kann — hingewiesen. Wegen der in meteorologischer Hinsicht weniger weitgehenden Belange der genannten Stellen gegenüber denen des Reichswetterdienstes werden erhebliche Teile der Anleitung fortfallen können; sie sind in dem nachfolgenden Merkblatt näher bezeichnet. Damit ist die Anleitung des Reichswetterdienstes auf die Bedürfnisse der obengenannten Stellen zugeschnitten. Sie will den mit der Überwachung der Niederschlagsbeobachtungen Beauftragten (Baubeamten usw.) ein Hilfsmittel sein, das es ermöglicht, die Meßgeräte sachgemäß aufzustellen und herzurichten, die Niederschlagsbeobachtungen zu prüfen, zu überwachen und bei Störungen für Abhilfe zu sorgen.

Das Reichsamt für Wetterdienst hat sich dankenswerterweise bereit erklärt, die wasserwirtschaftlichen Meßstellen außerhalb seines Zuständigkeitsbereiches unentgeltlich mit zu betreuen. Die hierfür zuständige Dienststelle wird auf Anfrage vom Reichsamt für Wetterdienst mitgeteilt. Es wird gebeten, den Reichswetterdienst anderseits durch unentgeltliche Überlassung des Beobachtungsstoffes in Form der üblichen Monatsmeldungen zu unterstützen.

Für die Beobachter auf den Meßstellen selbst hat die Abwasserfachgruppe Kurzanweisungen aufgestellt, die auf der Meßstelle aufgehängt werden und dem Beobachter die wichtigsten Regeln zur Bedienung seiner Geräte ständig vor Augen führen sollen. An der Aufstellung dieser Kurzanweisungen, deren Entwurf im Gesundheitsingenieur 1935, H. 46, S. 692—700, veröffentlicht war, haben das Reichsamt für Wetterdienst, die Preußische Landesanstalt für Gewässerkunde sowie eine große Zahl von deutschen Städten, wasserwirtschaftlichen Verbänden und sonstigen Stellen durch zustimmende Erklärungen und Abänderungsvorschläge mitgewirkt. Allen diesen Stellen sei der Dank für die geleistete Arbeit auch an dieser Stelle ausgesprochen, dem Reichsamt für Wetterdienst insbesondere auch dafür, daß es die „Anleitung für die Beobachter an den Niederschlagsmeßstellen des Deutschen Reichswetterdienstes" auch für die wasserwirtschaftlichen Niederschlagsmeßstellen zur Verfügung gestellt und den Nachdruck der Anleitung gestattet hat. Der Vereinigung der Bauverwaltungen deutscher Städte i. L. gebührt besonderer Dank für die Bereitstellung der Geldmittel für Bearbeitung und Druck.

Die allseitige Anwendung der vorliegenden Anweisung sowie der Kurzanweisungen wird die vom Reichsamt für Wetterdienst wie von der Abwasserfachgruppe von Anbeginn angestrebte Einheitlichkeit in dem Beobachtungsverfahren aller deutschen Niederschlagsmeßstellen und damit die unmittelbare Vergleichbarkeit und Zusammenfaßbarkeit ihrer Auswertungsergebnisse bringen.

Es wird schließlich darauf hingewiesen, daß gleichzeitig eine „Anweisung zur Auswertung von Schreibregenmesseraufzeichnungen (AAR 1936)" aufgestellt worden ist, die auch die Auswertungsverfahren auf eine einheitliche Grundlage stellt.

Berlin, im Dezember 1936.

Abwasserfachgruppe
der Deutschen Gesellschaft für Bauwesen e. B.
Arbeitsausschuß für Abwasserableitung.
Dr.-Ing. habil. Reinhold.

Merkblatt

betr. Niederschlagsmessungen für Zwecke der Wasserwirtschaft.

Die nachfolgende „Anleitung für die Beobachter an den Niederschlags=
meßstellen des Deutschen Reichswetterdienstes", herausgegeben vom Reichs=
amt für Wetterdienst, die, wie der Titel besagt, an sich nur für die dem Reichs=
wetterdienst unterstehenden Meßstellen gedacht ist, soll aus Gründen der
Einheitlichkeit künftig für alle Niederschlagsmeßstellen im Deutschen Reich
gelten. Auf Meßstellen außerhalb des Zuständigkeitsbereiches des Reichs=
wetterdienstes können zwar die Beobachtungen in vollem Umfange, wie bei den
Meßstellen des Reichswetterdienstes auf Grund besonderer mit dem Reichsamt
für Wetterdienst abzuschließenden Vereinbarung durchgeführt werden. In der
Regel werden jedoch verschiedene Beobachtungen und Messungen nicht in Betracht
kommen. Für diese Meßstellen gilt daher die Anleitung mit folgenden Ab=
änderungen:

I.

Es können fortfallen:[1]

Im Teil A: der erste Absatz mit der Überschrift „Niederschlagsmeßstellen
und Reichswetterdienst". S. 1.

Die Zeilen 23—34 auf S. 2 (Abschnitt: Meldungen).

Im Teil B: die Abschnitte mit den Überschriften
Form, Stärke und Zeit der Niederschläge. S. 11 f.
Erläuterungen zu den Zeichen für Niederschlag und Nebel. S. 12 ff.

Teil C: Beobachtung der elektrischen Erscheinungen. S. 15 f.

Teil D: Beobachtung der optischen Erscheinungen. S. 17 f.

Im Teil E: die Abschnitte mit den Überschriften
Form, Stärke und Zeit der Niederschläge. S. 20.
Schneedichte. S. 21.
Aufzeichnungen über Gewitter. S. 21.
Aufzeichnungen über optische Erscheinungen. S. 21.

Im Teil F: die Abschnitte mit den Überschriften
Form, Stärke und Zeit der Niederschläge. S. 22.
Gewitter und besondere Witterungserscheinungen. S. 23.

---

1) Es empfiehlt sich, die fortfallenden Teile der Anleitung deutlich durchzustreichen.

II.

Es treten folgende ergänzende Vorschriften hinzu:

1. Die für die Betreuung der Meßstelle zuständige Dienststelle des Reichswetterdienstes (zu erfragen beim Reichsamt für Wetterdienst, Berlin SW 11, Prinz-Albrecht-Str. 5) ist ....

....

(Anschrift) .... Fernspr.: ....

Diese Stelle gibt über alle Fragen, die die Durchführung der Beobachtungen, die Bedienung der Geräte usw. betreffen, jederzeit kostenlos Auskunft und steht auch zur Unterweisung der Beobachter zur Verfügung. Ihr sind auf Wunsch auch die monatlichen Meldungen (S. 2) zuzuleiten. Die bauliche Unterhaltung der Meßstellen und Geräte sowie die Beschaffung von Ersatzteilen ist jedoch Sache des Eigentümers der Meßstelle und kann vom Reichswetterdienst nur auf Grund besonderer Vereinbarung übernommen werden.

2. Für das Tagebuch und die Monatsmeldungen gilt folgendes Muster:

(Dienststelle)

Niederschlagsmeßstelle .... Monat .... 19....

Beobachter .... Höhe der Meßstelle über NN .... m

Zeit der regelmäßigen Messung .... Uhr   Höhe des Regenmessers über dem Erdboden .... m

Niederschlagsbeobachtungen

1	2	3	4	5	6	7	8	9	10	11
	Niederschlagshöhe			Schneedecke		Wassergehalt der Gesamtschneedecke				
	in 24 Stunden	Teilmessungen		Höhe insgesamt	Höhe des Neuschnees	Zeitangabe	Schneehöhe am Ausstecher	Schmelzwasser	Wassergehalt von 1 cm im Durchschnitt	
Tag		Zeit	Höhe							Bem.:
	mm		mm	cm	cm		cm	mm	mm	
1										
2										
.										
.										
31										

Monatssumme:	Größte tägl. Niederschlagshöhe .... mm am	Ergänzende Bem.:

Zahl der Tage mit

minb. 10,0 mm Niederschlag		minb. 0,1 mm Schnee	
„ 1,0 mm „		Schneedecke 0 cm u. mehr	
„ 0,1 mm „		„ 1 cm „ „	

....
Unterschrift des Beobachters

Der Vordruck kann nach Bedarf um Spalten für Form, Stärke und Zeit der Niederschläge erweitert werden, sofern derartige Beobachtungen mit einbezogen werden sollen. Anhaltspunkte für die Anlage der ergänzenden Spalten gibt das Muster für die Monatsmeldungen des Reichswetterdienstes. Die im Vordruck anzugebende Uhrzeit der regelmäßigen Messung ist bei der obenerwähnten Dienststelle des Reichswetterdienstes zu erfragen. Sollen die Beobachtungen auf einer Meßstelle in vollem Umfange wie bei den Meßstellen des Reichswetterdienstes durchgeführt werden, so sind für Tagebuch und Monatsmeldungen die Vordrucke des Reichsamtes zu benutzen und bei der oben angegebenen Dienststelle des Reichsamtes anzufordern.

3. Die aufgestellten Schreibregenmesser müssen besonders sorgfältig bedient werden, da ihre Aufzeichnungen für alle wasserwirtschaftlichen Fragen von größter Bedeutung sind.

a) Bei Aufstellung von Schreibregenmessern für stadtentwässerungstechnische Zwecke ist es bei größeren Gebieten notwendig, mehrere Regenmesser (gewöhnliche und Schreibregenmesser) in entsprechender Verteilung aufzustellen, und zwar:

1. zur Feststellung der mittleren und größten Regenstärke in dem Gebiet und deren Verteilung;

2. zur Feststellung der Ausdehnung der örtlich meist eng begrenzten Starkregen;

3. zur Bestimmung der Zugrichtung und Zuggeschwindigkeit der Starkregen, die für Berechnung von Entwässerungsnetzen größerer Gebiete von erheblicher Bedeutung sein können.

b) Ein Muster des Schreibstreifens liegt der Anleitung bei. Der am linken Ende des Schreibstreifens befindliche Vordruck ist teils vor dem Auflegen, teils nach dem Abnehmen genau auszufüllen. Sind Schreibstreifen mit einem derartigen Vordruck nicht vorhanden, so wird ein Stempelaufdruck gleichen Wortlautes empfohlen. Mit Rücksicht darauf, daß die Aufzeichnungen des Schreibregenmessers häufig zur Bestimmung der Zugrichtung und Zuggeschwindigkeit von Regenfällen dienen sollen, ist der genauen Zeitangabe auf dem Schreibstreifen besondere Beachtung zu schenken. Grundsätzlich ist die genaue, durch den Rundfunk täglich mehrmals übermittelte mitteleuropäische Zeit (MEZ) anzugeben. Der Beobachter hat sich zu diesem Zweck die notwendigen Zeitangaben zu verschaffen. Nur in Ausnahmefällen darf von der genauen Angabe der MEZ abgesehen werden. War dem Beobachter die genaue Zeitnahme nicht möglich, so trägt er in den Schreibstreifenvordruck die Zeit, so genau es ihm möglich ist, ein und streicht außerdem zum Zeichen, daß die genaue MEZ nicht bekannt war, das Wort „MEZ" auf dem Vordruck deutlich durch. Die Uhrzeit der täglichen Bedienung des Schreibregenmessers (f. S. 4 der Anleitung) ist im Einvernehmen mit der obenerwähnten Dienststelle des Reichswetterdienstes festzulegen.

c) Störungen, die der Beobachter nicht sofort und leicht selbst beheben kann, hat er sofort seiner vorgesetzten Dienststelle g. J. zur Weitergabe an den Reichswetterdienst zu melden. Es empfiehlt sich, auf jeden Schreibstreifen, der dadurch unzuverlässige Aufzeichnungen aufweist, deutlich das Wort „Störung" zu schreiben.

d) Die Schreibstreifen sind vom Beobachter monats- und jahrweise zu bündeln und sorgfältig aufzubewahren. Sie sollen dem Reichswetterdienst auf Wunsch unentgeltlich leihweise überlassen werden.

Reichsamt für Wetterdienst

Anleitung

für die

Beobachter an den Niederschlagsmeßstellen

des

deutschen Reichswetterdienstes

Berlin 1936
Julius Springer

Buchdruckerei des Waisenhauses G. m. b. H., Halle (S.)

Inhalt.

IV

———————

A. Allgemeines über die Niederschlagsmeßstellen.

Niederschlagsmeßstellen und Reichswetterdienst. Die Niederschlags=
meßstellen gehören zum Reichswetterdienst. Dieser untersteht als Teil der Luft=
fahrtverwaltung dem Herrn Reichsminister der Luftfahrt. Die betriebliche und
wissenschaftliche Spitze des Reichswetterdienstes bildet das Reichsamt für Wetter=
dienst in Berlin. Zusammen mit den Beobachtungsstellen höherer Ordnung,
die ein umfangreicheres Arbeitsprogramm zu erledigen haben, bilden die Nieder=
schlagsmeßstellen das über das ganze Reichsgebiet sich erstreckende Beobachtungs=
netz des Klimadienstes. Dieses ist in verschiedene Bezirke gegliedert. Jedem
Beobachter wird mitgeteilt, zu welchem Bezirk er gehört und an welche Stelle
er sich in allen Angelegenheiten des Beobachtungsdienstes zu wenden hat.

Aufgabe und Zweck der Niederschlagsmeßstellen. Die Aufgabe einer
Niederschlagsmeßstelle besteht darin, die Menge und Zeit der atmo=
sphärischen Niederschläge zu bestimmen. Solche Angaben sind nicht nur für
wissenschaftliche Forschungen notwendig, sondern dienen auch als Unterlagen
für viele praktische Fragen des Wasserbaues (Kanal=, Fluß= und Talsperren=
bauten, Wasserleitungs= und Stadtentwässerungsanlagen, Städtereinigung
usw.), sowie der Land= und Forstwirtschaft (Drainage, Trockenlegung von
Sümpfen, Bewässerung u. a.); auch sind sie für die Entscheidung gerichtlicher
und berufsgenossenschaftlicher Streitigkeiten, Abschätzung des Grundwertes
landwirtschaftlicher Betriebe, für den Abschluß von Versicherungen gegen Regen=
schaden usw. unentbehrlich.

Die Niederschläge treten auf in Form von Regen, Schnee, Graupeln,
Hagel, Eiskörnern oder gefrorenen Regentropfen, Tau, Reif, Rauhreif und
Glatteis; auch können stark nässende Nebel meßbare Niederschläge ergeben.

Als Maß gilt die Niederschlagshöhe in Millimetern, d. i. die Höhe, bis zu
der das Regenwasser den Erdboden bedecken würde, wenn nichts abfließen,
versickern oder verdunsten könnte. Der Niederschlagshöhe von 1 mm entspricht
eine Regenmenge von 1 Liter auf 1 qm Bodenfläche.

Anforderungen an den Beobachter. Die Übernahme einer Niederschlags=
meßstelle erfordert vor allem Lust und Liebe zur Sache, denn nur solche Be=
obachtungen haben Wert und lohnen den Arbeitsaufwand, die sorgfältig unter
Beachtung der nachstehenden Anweisungen ausgeführt werden. Außerdem
müssen die auf S. 4 näher geschilderten Voraussetzungen für den Aufstellungs=

1

2

platz des Regenmessers gegeben sein. Dieser Platz muß für den Beobachter leicht erreichbar sein, denn ein langer Weg zum Regenmesser erschwert die Arbeit des Beobachters sehr und führt erfahrungsgemäß oft dazu, geringere Sorgfalt beim Beobachtungsdienst anzuwenden.

Da es vorkommen kann, daß der Beobachter aus beruflichen oder anderen Gründen verhindert ist, alle vorgeschriebenen Messungen selbst auszuführen, ist stets ein Stellvertreter zu nennen, der im Behinderungsfalle die Beobachtungen übernehmen kann. Auch er ist mit allen für den Beobachtungsdienst geltenden Vorschriften bekannt zu machen.

Meldungen. Der Beobachter ist verpflichtet, die Ergebnisse der Beobachtungen auf besonderen Vordrucken monatlich zu melden (siehe S. 22). Außerdem können noch besondere Meldungen vereinbart werden.

Ferner ist unverzüglich zu berichten:
über Beschädigungen der Instrumente, damit Ersatz gesandt wird,
über Änderungen, die in der Aufstellung der Instrumente notwendig geworden sind,
über notwendige Instandsetzungen,
über längere Übernahme der Beobachtungen durch einen Vertreter,
über beabsichtigte Aufgabe der Regenmeßstelle.

In allen Zweifelsfällen wendet sich der Beobachter sofort an die Dienststelle seines Bezirks, die ihm bereitwilligst Auskunft erteilt oder für die Abstellung irgendwelcher Mängel sorgt.

Für Mitteilungen geschäftlicher Art sind nur die gelieferten Vordrucke zu verwenden, insbesondere dürfen in den Beobachtungstabellen solche Mitteilungen nicht enthalten sein.

Dienstbriefe und -pakete sind mit dem Vermerk „Gebührenpflichtige Dienstsache" ohne Verwendung von Marken zu senden.

Die Vergebung von Instandsetzungsarbeiten an den Regenmeßstellen bedarf nach vorheriger Einsendung eines Kostenanschlages der Genehmigung.

Die Rechnungen der Handwerker usw. hat der Beobachter zur Bezahlung einzureichen. Auf ihnen ist wahrheitsgemäß von dem Beobachter zu vermerken:

„Die Richtigkeit und Preiswürdigkeit der Ausführung bescheinigt"

Datum und Unterschrift.

Besichtigungen. Die Regenmeßstellen werden möglichst alljährlich von einem Sachbearbeiter der zuständigen Dienststelle besichtigt, um den Zustand der Geräte festzustellen, etwa entstandene Mängel zu beseitigen und die dauernde Fühlung mit dem Beobachter aufrechtzuerhalten, damit die Messungen und Aufzeichnungen überall in gleicher Weise durchgeführt werden.

B. Messung und Beobachtung der Niederschläge.

Der Regenmesser.

Beschreibung des Meßgerätes. Der an den Niederschlagsmeßstellen des Tief= und Berglandes bis zu einer Seehöhe von etwa 700 bis 1000 m[1]) gebräuchliche Regenmesser von Hellmann (Abb. 1 u. 3) ist ein 46 cm hoher mit Aluminium= farbe gestrichener Zylinder aus Zinkblech, dessen 200 qcm große Auffangfläche von einem scharfkantig abgedrehten, konisch geformten Messingring begrenzt wird.

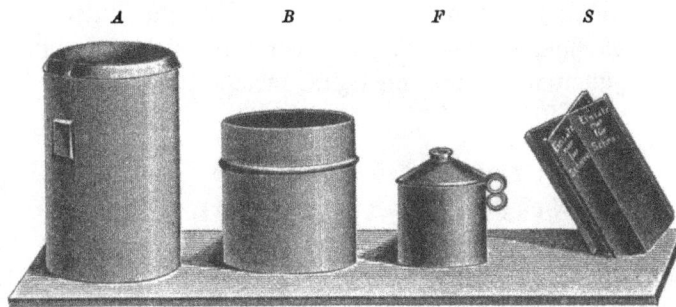

Abb. 1.

Der Durchmesser dieses Ringes beträgt 159,6 mm. Das Auffanggefäß A, das nach unten mit einem eingelöteten Trichter abschließt, ist auf den Behälter B aufgesetzt; in diesem befindet sich die Sammelkanne F. Um das Wasser in der Sammelkanne gegen Verdunstung möglichst zu schützen, ist die Sammelkanne in dem Behälter B auf einen mit Zäpfchen besetzten Ring so aufgestellt, daß sie durch eine 3 cm dicke Luftschicht von der äußeren, der unmittelbaren Besonnung ausgesetzten Mantel= fläche geschieden ist. Zu dem Regenmesser gehören ferner noch ein kreuzförmiger Halter zu seiner Befestigung am Pfahl, ein Meßglas (Abb. 2), ein Blech= deckel und zwei Schneekreuze (Abb. 1 Teil S).

Jede Beobachtungsstelle besitzt zwei Regenmesser, von denen jeweils aber nur einer als Meßapparat aufgestellt ist. Der zweite Regenmesser soll nicht nur als Ersatzinstrument für den ersten, sondern auch nach Schneefall zum Aus= wechseln dienen (Näheres f. S. 7). Im Winter ist bei Schneefall in das Auffang= gefäß außerdem ein Schneekreuz zu setzen, damit der Schnee bei starkem Winde

---

1) Wenn in Gebirgslagen der gewöhnliche Regenmesser nicht ausreicht, um die dort fallenden Niederschläge zu fassen, wird der Hellmannsche Gebirgsregenmesser mit größerem Fassungsvermögen benutzt (f. S. 5).

1*

nicht wieder hinausgeweht werden kann. Im Sommer darf das Auffanggefäß auf keinen Fall ein Schneekreuz enthalten; es würde dann falsche Messungs=ergebnisse verursachen, weil dadurch die Benetzungsfläche und damit die Verdunstung erheblich vergrößert wird.

Das Meßglas (Abb. 2) ist ein etwa 24 cm hohes zylindrisches Gefäß (Innenweite 4—4½ cm), das außen mit Teilstrichen ver=sehen ist. Auf der Teilung entspricht der Zwischenraum von einem Teilstrich bis zum nächsten einer Niederschlagshöhe von einem Zehntel = 0.1 mm. Die ganzen Millimeter sind durch längere Striche und durch die Zahlen 1 bis 10 gekennzeichnet. Die Entfernung zwischen den Teilstrichen 0 und 10 mm, ge=messen auf der Wand des Meßglases, beträgt 16—19 cm.

Das Meßglas soll möglichst im Hause aufbewahrt werden. Bei Bruch des Glases ist sofort Ersatz anzufordern. Es darf nie ein anderes als das amtlicherseits gelieferte Meßglas benutzt werden, vielmehr ist bis zum Eintreffen eines neuen Meßglases das Regen= oder Schmelzwasser in Flaschen auf=zubewahren, und die tägliche Niederschlagsmenge ist nachträglich zu bestimmen.

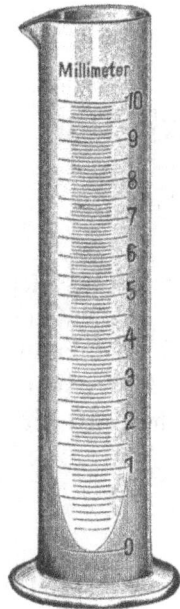

Abb. 2.

Reinigung des Meßgeräts und Meßglases. Der Regenmesser und das Meßglas bedürfen mitunter einer Reini=gung von Staub und Schmutz; vor allem ist darauf zu achten, daß die Abflußöffnung im Auffanggefäß durch Blätter usw. nicht verstopft ist.

Aufstellung des Regenmessers.

Aufstellungsplatz. Die Aufstellung des Regen=messers soll an einem Orte erfolgen, zu dem der Niederschlag, selbst wenn er bei heftigem Winde schräg fällt, doch noch von allen Seiten ungehinderten Zutritt hat. Ein freier Rasenplatz im Ziergarten, ein Gemüsegarten oder ein geräumiger Hofraum auf nicht abschüssigem Gelände eignet sich dazu am besten.

Gebäude, Mauern, Bäume usw. müssen vom Regenmesser mindestens ebensoweit entfernt sein, wie sie selbst hoch sind.

Dagegen ist es durchaus nicht zweckmäßig, den Regenmesser auf eine ganz freie Wiese oder aufs freie Feld zu bringen, weil dort der Wind den Regen und Schnee darüber hinwegweht, und dann zu wenig Niederschlag gemessen wird. Auf Dächern,

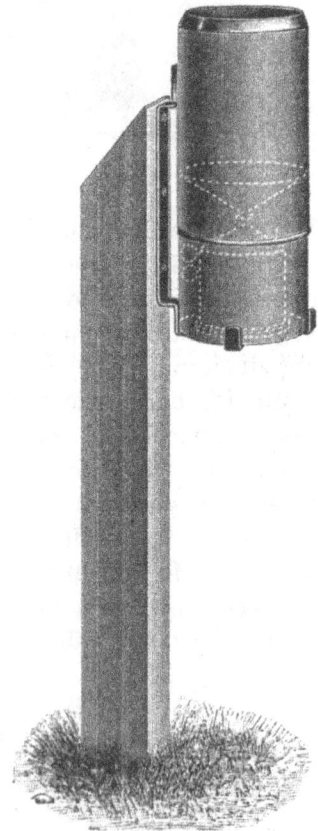

Abb. 3.

hohen Plattformen und dergleichen darf daher der Regenmesser auch nicht aufgestellt werden.

Der Regenmesserpfahl, an dem der Regenmesser aufgehängt wird, soll aus Eichen=, Lärchen= oder auch harzigem Fichtenholz geschnitten, 140 cm lang, 10 cm stark und oben zur Vermeidung von Schneehauben, die in das Auffanggefäß fallen könnten, abgeschrägt sein (Abb. 3). An Stelle der Holzpfähle sind auch Betonpfähle benutzt worden.

Aufhängung des Regenmessers. Der Halter, der den Regenmesser trägt, muß am Pfahl so hoch wie möglich befestigt werden. Nach der Anbringung des Halters wird der Regenmesserpfahl so eingegraben, daß der Halter nach Norden zeigt, die **Auffangfläche des Regenmessers genau waagerecht** liegt und eine **Höhe von 1 m über dem Erdboden** hat.

Nur in Gebieten mit hoher Schneelage, wo durch den Wind Schnee vom Erdboden in das Gefäß gewirbelt werden kann, ist eine größere Höhe von 1.25 bis 1.50 m zweckmäßig.

Der Gebirgsregenmesser.

Der Gebirgsregenmesser dient zur Messung der Niederschläge in höheren Gebirgslagen von etwa 700 bis 1000 m an aufwärts, da der gewöhnliche Hellmannsche Regenmesser alsdann zur Aufnahme der besonders in Form von Schnee gefallenen Niederschläge meist nicht ausreicht.

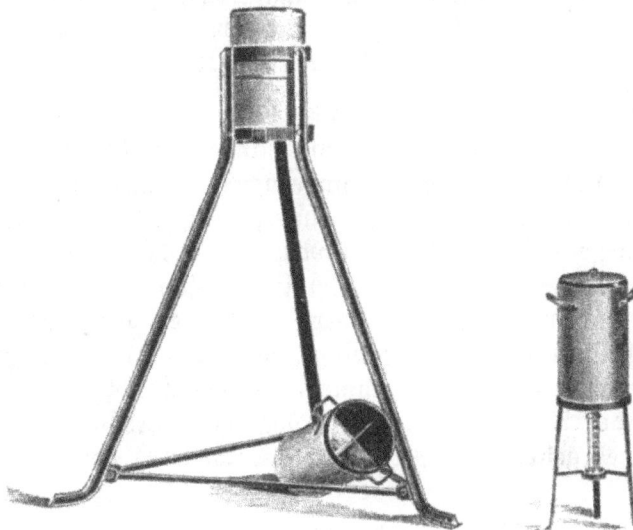

Abb. 4.

Beschreibung. Zu dem Hellmannschen Gebirgsregenmesser (Abb. 4) gehören drei je 50 cm hohe mit Aluminiumfarbe gestrichene Zinkblechgefäße, von denen das eine für den Sommer und zwei für den Winter bestimmt sind. Die Auffangfläche ist 500 qcm groß und wird von einem scharfkantig abgedrehten Messingring begrenzt; der Durchmesser des Ringes beträgt 252.3 mm. Das Sommergefäß entspricht in seiner Bauart ganz dem gewöhnlichen Hellmannschen Regenmesser mit einem Auffanggefäß und einem Behälter für die Sammelkanne, so daß auf die Beschreibung dieses Regenmessers verwiesen werden kann. Die Winter-gefäße bestehen aus einfachen Zylindern mit einem Hahn zum Ablassen des Wassers an der Bodenfläche und zwei Handgriffen zum Heben des Gefäßes. Zu dem Gebirgsregenmesser gehören außerdem ein Meßglas, ein Blechdeckel und zwei Schneekreuze.

In Zukunft wird, wie bereits in Süddeutschland das Sondergefäß für die winterlichen Messungen dadurch ausgeschaltet, daß das mit zwei Handgriffen versehene Sommergefäß bei einer Gesamthöhe von rund 70 cm und einer Höhe seines Auffanggefäßes von 48 cm auf das gleiche Fassungsvermögen gebracht worden ist wie das Wintergefäß (Abb. 5). Eine Meßstelle be-nötigt alsdann nur zwei Apparate dieser Art, damit sie bei Niederschlägen in fester Form wie bei dem ge-wöhnlichen Hellmannschen Regenmesser ausgewechselt werden können.

Das Meßglas des Gebirgsregenmessers ist im Gegensatz zu dem des gewöhnlichen Hellmannschen Regenmessers für eine (auf Zehntel genaue) Messung von nur 0—5 mm hergerichtet; es ist wenig höher als jenes und hat die gleiche Innenweite von 4—4$\frac{1}{2}$ cm. Teilweise sind auch Meßgläser von etwa 30 cm Höhe mit der Innenweite von etwa 5$\frac{1}{2}$ cm im Gebrauch, die eine Messung bis 10 mm zulassen.

Abb. 5.

Aufstellung. Ein fester Dreifuß aus Eisen, dessen oberer Teil zwei Ringe zur Aufnahme des Auffang-gefäßes trägt, wird mit den unten umgebogenen Füßen bis zu den drei Ver-bindungsstangen in den Erdboden so eingegraben, daß die Auffangfläche des Gebirgsregenmessers eine vollkommen waagerechte Lage erhält. Zur Sicherung des Gestelles werden alsdann auf die Verbindungsstangen einige Bretter gelegt und diese mit großen Steinen beschwert. Statt des Dreifußes kann auch ein mit seinen Füßen im Erdboden fest eingegrabener Holzbock benutzt werden, auf den ein Haltegestell für den Regenmesser aufgeschraubt wird. Die Höhe der Auffangfläche des Apparates muß 2 m über dem Erdboden liegen; sie ist bei Verwendung des gelieferten Dreifußes ohne weiteres gegeben.

Zeit der Messung.

Der Niederschlag wird **regelmäßig täglich** morgens gegen 7 Uhr gemessen; der genaue Messungstermin wird dem Beobachter mitgeteilt. Der Regenmesser ist auch dann nachzusehen, wenn es der sonstigen Wahrnehmung nach in den vorangegangenen 24 Stunden scheinbar nicht geregnet hat; kleine, namentlich in Sommernächten fallende Mengen, die auf dem Erdboden am Morgen längst verdunstet sind, sowie solche, die von starkem Nebel herrühren, würden sonst der Beachtung des Beobachters und somit der Aufzeichnung ganz entgehen.

Bei starken Regenfällen (Gewitterregen, Wolkenbrüchen usw.), die gewöhnlich nur kurze Zeit andauern, ist es sehr erwünscht, die Messung gleich nach ihrem Aufhören vorzunehmen und das Ergebnis nebst der möglichst auf Minuten genau bestimmten Dauer des Regenfalles besonders zu vermerken. Die bei solcher Teilmessung festgestellte Niederschlagshöhe ist natürlich bei der nächstfolgenden Tagesmessung hinzuzufügen (s. S. 8 u. 20).

Ausführung der Messung.

Niederschlag in Form von Regen. Das Auffanggefäß wird abgenommen, die Sammelkanne herausgehoben und ihr Inhalt vorsichtig in das Meßglas geschüttet. Der Stand des Wassers wird bei lotrechter Stellung des Glases auf zehntel Millimeter genau abgelesen. Man stellt hierzu das Meßglas auf einen Tisch, oder hält es zwischen Daumen und Zeigefinger. Auge und Oberfläche des Wassers müssen sich beim Ablesen in gleicher Höhe befinden. Abzulesen ist der Stand des mittleren tiefsten Teils der Wasseroberfläche, nicht aber des an der Glaswand anhaftenden etwas höheren Randes.

Befindet sich infolge fehlerhaften Zusammensetzens des Regenmessers auch in seinem Unterteil Wasser, so ist dieses bei der Messung in das Meßglas zu gießen und dann mitzumessen.

Bei Niederschlagsmengen über 10 mm ist das Meßglas so oft bis zum 10 mm-Strich zu füllen, bis ein Rest unter 10 mm übrigbleibt.

Beispiel: Das Meßglas wird viermal bis zum 10 mm-Strich gefüllt, der Rest gibt 4.5 mm. Die Niederschlagshöhe ist in diesem Falle $= 4 \times 10$ mm $+ 4.5$ mm $= 44.5$ mm.

Für die Aufzeichnung ist zu beachten:

0.0 ist zu schreiben, wenn die Niederschlagsmenge noch nicht die Hälfte eines zehntel Millimeters ergibt; sonst ist 0.1 mm einzutragen.

0.0 ist ebenfalls zu schreiben, wenn es der Wahrnehmung nach wohl geregnet hat, aber die Kanne kein Wasser enthält.

Ein Punkt (.) ist zu setzen, wenn Niederschlag überhaupt nicht gefallen.

Ein Strich (—) ist zu setzen, wenn eine Messung ausnahmsweise unterblieben ist. Dies soll aber nur in äußerst seltenen Fällen vorkommen, denn in Behinderungsfällen des Beobachters hat dieser für Vertretung zu sorgen.

Nach der Messung wird der Regenmesser wieder ordnungsmäßig zusammengesetzt. Dabei ist darauf zu achten, daß die Sammelkanne genau in den mit Zäpfchen versehenen Ring und somit in die Mitte des unteren Behälters eingesetzt wird, damit beim Aufsetzen des Auffanggefäßes die Tülle des Trichters in den Kannenhals hineinragt.

Niederschlag in Form von Schnee, Graupeln, Hagel. Finden sich im Auffanggefäß Niederschläge in fester Form[1] vor, so wird der Regenmesser gegen den zweiten ausgewechselt. Den mit Schnee usw. gefüllten Regenmesser hat man

---

[1] Im Winter soll bei Schneefall das Schneekreuz im Auffanggefäß stehen. Siehe S. 3.

in einen erwärmten Raum, jedoch nicht zu nahe an den Ofen, zu bringen und mit dem Blechdeckel zu bedecken, um Verlust durch Verdunstung zu vermeiden. Nach völliger Schmelzung ist das Schmelzwasser in der oben beschriebenen Weise zu messen.

Wenn tauender Schnee fällt, bleibt häufig auf der Windseite des Regenmessers Schnee haften. Auch Rauhreif kann sich ansetzen. Der Regenmesser wird dann beim Auftauen am besten in ein Waschbecken gestellt; das darin sich sammelnde Wasser soll aber nicht gemessen werden.

Niederschlag von Tau und Nebel. Starke Taubildung sowie nässender Nebel können ebenfalls Wasser in den Regenmesser bringen, doch handelt es sich dabei stets nur um geringe Mengen, die aber der Aufzeichnung nicht entgehen dürfen.

Auswechselung der Sammelkanne in besonderen Fällen. Am Messungstermin ist die Sammelkanne auszuwechseln:

a) wenn nach Regen plötzlich Frost eingetreten und anzunehmen ist, daß das Wasser in der Kanne gefroren ist. Nachdem die Kanne ins warme Zimmer geholt ist, wird mit der Messung gewartet, bis das Eis vollständig geschmolzen ist;

b) wenn es zur Beobachtungszeit stark regnet, damit Regenwasserverluste vermieden werden, und der Beobachter in Ruhe im Hause messen kann.

Teilmessungen. In einigen Fällen ist eine besondere Messung außerhalb des vorgeschriebenen 7 Uhr-Termins, eine sogenannte Teilmessung erwünscht. Sie ist auszuführen:

a) bei Regengüssen (Starkregen), unmittelbar nach dem Aufhören des Regens unter genauer Angabe der Zeit für Beginn und Ende des Starkregens;

b) bei ergiebigem, lang andauerndem Landregen, möglichst abends zwischen 18 und 20 Uhr;

c) bei starkem Schneefall, wenn das Auffanggefäß mit Schnee völlig gefüllt ist, damit der Schnee sich nicht über der Auffangfläche auftürmt oder bei Wind darüber hinweggetrieben wird.

Sind Teilmessungen vorgenommen worden, so muß naturgemäß außerdem auch morgens gegen 7 Uhr gemessen werden; diese Restmessung und die vorhergehende Teilmessung ergeben zusammen die Niederschlagssumme des 24stündigen Zeitraums, die als Tagesmenge eingetragen wird (s. S. 20).

Messung mit dem Gebirgsregenmesser. Sofern im Sommer das eigentliche oder während des ganzen Jahres das verlängerte Sommergefäß benutzt wird, ist die Messung der Niederschläge in der beim gewöhnlichen Hellmannschen Regenmesser angegebenen Weise auszuführen. Auch bei Gebrauch des besonderen Wintergefäßes in der kalten Jahreszeit sind die gleichen Vorschriften zu befolgen; da aber das Wintergefäß keine Sammelkanne enthält, ist ein kleiner eiserner Dreifuß beigegeben, auf den nach Schneefall, Rauhreif oder dergl. das ausgewechselte Gefäß in dem erwärmten Raum gesetzt wird. Die Höhe des Schmelzwassers ist dann durch Öffnen des Hahnes in dem darunter gestellten Meßglas leicht zu bestimmen. Es ist streng darauf zu achten, daß nach Abfluß des Wassers der Hahn wieder sorgfältig geschlossen wird.

Alle weiteren Anleitungen und Erläuterungen sind bei dem gewöhnlichen Hellmannschen Regenmesser nachzulesen.

Höhe der Schneedecke.

Die Messung soll angeben, wie hoch an jedem Morgen der Erdboden mit Schnee bedeckt ist. Man bedient sich dabei eines Schneepegels.

Schneepegel. Zur Messung kann jeder genügend lange mit Zentimeter= einteilung versehene Maßstab verwendet werden, wenn nur der Nullpunkt der Teilung mit dem Erdboden in Berührung gebracht werden kann. An einzelnen Stationen wird ein besonderer Schneepegel (Wander= oder Hand= pegel) benutzt (Abb. 6).

Schneepegel, die fest in der Erde stehen, sind nur in Orten mit hoher Schneelage, wo eine Messung mit dem Handpegel Schwierigkeiten macht, zu verwenden.

Messungszeit. Die Messung ist regelmäßig gegen 7 Uhr morgens eines jeden Tages, an dem eine Schneedecke vorhanden ist, also nicht nur nach Neuschneefällen, auszuführen.

Ausführung der Messung. Da der Schnee meist nicht gleich= mäßig liegt, ist die Schneedeckenhöhe an mehreren Stellen zu messen und als Höhe das Mittel aus den Messungen anzunehmen. Stellen mit starken Verwehungen sind bei der Messung auszu= schließen, ebenso vermeide man, den Meßstab in ein Erdloch ein= zusenken oder ihn auf einen Maulwurfshügel oder dergleichen zu stoßen.

Besondere Bezeichnungen für die Höhe der Schneedecke. Die Schneedeckenhöhe wird stets in ganzen Zentimetern angegeben.

Bei leichter und nicht mehr geschlossener Schneedecke ist fol= gendermaßen zu verfahren:

Die Höhe wird mit 0 bezeichnet,

1. wenn die Schneedeckenhöhe kleiner als $\frac{1}{2}$ cm ist,

Abb. 6.

2. wenn die Schneedecke weniger als die Hälfte der Erdoberfläche in der Umgebung der Meßstelle bedeckt. Die Angabe, welche Höhen hierbei noch vorkommen, ist erwünscht.

Wenn mehr als die Hälfte der Erdoberfläche bedeckt ist, wird eine mittlere Höhe angegeben mit dem Zusatz „durchbrochen".

Die Abkürzung Fl. ist zu setzen, wenn nur noch einzelne nicht mehr zusammen= hängende Schneeflecke vorhanden sind.

Ein Punkt (.) wird gesetzt, oder der Raum für die Eintragung bleibt frei, wenn eine Schneedecke nicht vorhanden ist.

Ergänzungen der Schneedeckenbeobachtungen. Es sind außerdem zu vermerken:

a) die Zeiten für Bildung und Verschwinden der Schneedecke; auch dann, wenn sie sich im Laufe des Tages bildet und bis zum nächsten Morgen wieder verschwunden ist;

b) Schneereste in Gräben, Wäldern usw.;

c) Schneebedeckung auf benachbarten Bergen mit Angaben der ungefähren Höhe der unteren Grenze über dem Meeresspiegel;

d) Vereisung und starke Verwehungen der Schneedecke.

Die vorstehenden Anweisungen beziehen sich auf die jeweilige Gesamtschneedecke, die von mehreren Einzelschneefällen herrühren kann. Daneben ist es von großem praktischen Interesse die Höhe jedes Schneefalls (Neuschneehöhe) zu bestimmen.

Die Neuschneehöhe ist möglichst täglich ebenfalls um 7 Uhr an einer von Verwehungen freien Stelle, die in einem Umfang von etwa einem Quadratmeter glatt mit Brettern belegt ist, zu messen. Nach der Messung ist der Schnee sauber abzukehren. In vielen Fällen ist es vorteilhafter, einen Tisch von etwa 20 bis 30 cm Höhe zur Messung zu benutzen.

Wassergehalt der Schneedecke.

An einer Auswahl von Wetterbeobachtungsstellen wird der Wassergehalt der Schneedecke bestimmt. Man mißt dabei die durch Schmelzung der Schneeschicht sich ergebende Wasserhöhe in Millimetern. Wird diese Zahl (mm) durch die vorher festgestellte Schneehöhe (cm) geteilt, so ergibt sich der Wassergehalt für 1 cm in Millimetern.

Zur Messung des Wassergehalts der Schneedecke dient der Schneeausstecher.

Der Schneeausstecher (Abb. 7 links) ist ein Zinkblechzylinder von 200 qcm Öffnung; außen am Mantel ist meist ein Maßstab angebracht, so daß man die Höhe der ausgestochenen Schneedecke messen kann. Außerdem gehört dazu eine Blechschaufel.

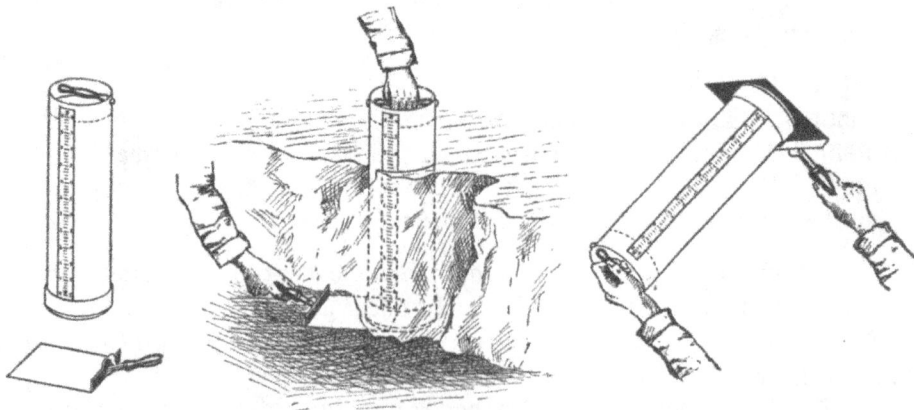

Abb. 7.

Messungszeit. Die Bestimmung des Wassergehalts soll am Montag, Donnerstag und Sonnabend (Samstag) gegen 7 Uhr morgens vorgenommen werden, solange eine Schneedecke vorhanden ist. Bei eintretendem Tauwetter ist eine Sondermessung vorzunehmen.

Ausführung der Messung (Gesamtschneedecke) (Abb. 7). An einer gleichmäßig mit Schnee bedeckten Stelle wird der Schneeausstecher senkrecht in den Schnee möglichst bis zum Erdboden gedrückt, die Schneedeckenhöhe abgelesen, die Blechschaufel unter die Öffnung geschoben und der Schneeausstecher mit daruntergehaltener Blechschaufel umgedreht. Alsdann wird das Gefäß mit dem Deckel des Regenmessers zugedeckt, der Schnee in der üblichen Weise geschmolzen und das Schmelzwasser mit dem Regenmeßglas gemessen, da die Ausstichfläche des Schneeausstechers und Auffangfläche des Regenmessers den gleichen Durchmesser haben[1]).

Wassergehalt der Neuschneedecke. Die gleiche Messung wie für die Gesamtschneedecke ist für die Neuschneedecke erwünscht. Zu benutzen ist das auf S. 10 beschriebene, für die Bestimmung der Neuschneehöhe dienende Meßfeld. Das Messungsverfahren ist das gleiche wie bei der Gesamtschneedecke.

Form, Stärke und Zeit der Niederschläge.

Genauere Angaben über die Form, Stärke und Zeit der Niederschläge sind unerläßlich, da erst hierdurch die Niederschlagsmenge richtig gewertet werden kann.

Form der Niederschläge. Bei der Eintragung hat man sich der folgenden Zeichen zu bedienen, die auf internationaler Vereinbarung beruhen und meist den Erscheinungsformen in der Natur nachgebildet sind:

Regen	⦿	Schauer	▽
Schnee	✳	Rauhreif	∨
Regen und Schnee	⚹	Rauheis	⩔
Schneefegen	⟊	Glatteis	∽
Schneetreiben	⟂	Glatteisdecke	
Schneedecke	⊠	am Boden	⊡
Rieseln (Staubregen)	𝟗	Nebel	≡
Eiskörner	△	Nässender Nebel	≡̇
Griesel	⃤	Bodennebel	≡
Eisnadeln	↔	Nebeldunst	=
Reifgraupeln	⟁	Tau	⌓
Frostgraupeln	△	Reif	⊔
Hagel	▲		

---

1) An Stationen mit Gebirgsregenmessern (Auffangfläche 500 qcm) ist mithin das zu diesem Regenmesser gehörende Meßglas hierbei nicht zu benutzen. Zur Bestimmung des Wassergehalts der Schneedecke ist vielmehr ein besonderes Meßglas zu verwenden. Verwechselung der Meßgläser ist auf jeden Fall zu vermeiden.

Außerdem sind folgende Abkürzungen zu verwenden:

Regentropfen . . . . . . ⬤tr.
Schneeflocken . . . . . . ✳fl.
Nebeltreiben . . . . . . ≡trb.

Stärke der Niederschläge. Sie wird durch die hochgestellten Stärkeziffern 0 = schwach, 1 = mäßig stark, 2 = stark ausgedrückt.

Beispiel: Starker Regen: ⬤^{2}
schwacher Schneefall: ✳^{0}.

Zeitangaben. Verwendet wird die durchgehende 24=Stundenzählung. Die Uhr ist öfter mit der Zeitansage im Rundfunk zu vergleichen, damit der Beobachter sicher ist, sich stets der genauen Zeit zu bedienen.

Beginn und Ende der Erscheinungen sollen möglichst genau angegeben werden. Aus praktischen Gründen sind besonders die Zeiten für ⬤ ✳ ❋ ⚊ ⚊ △ ▲ ≡, für die Bildung und das Verschwinden von ⊠ und ⊡ zu erfassen.

Nur wenn es nicht möglich ist, genaue Zeiten festzustellen, wie z. B. meist in der Nacht, können die folgenden Abkürzungen verwendet werden:

früh   = fr.
vormittags   = vorm. oder auch a (Abkürzung vom lateinischen
                       ante meridiem),
mittags   = m,
nachmittags   = nachm. oder auch p (Abkürzung vom lateinischen
                       post meridiem),
abends   = abd.,
nachts   = n (wenn n ohne Zusatz eingetragen ist, soll es
                       stets die vorangegangene Nacht bedeuten.

Entsprechend diesen Abkürzungen können noch folgende Verbindungen angewandt werden:

frühmorgens   = na
spätabends   = np
mit Unterbrechung   = m. U.

Erläuterungen zu den Zeichen für Niederschlag und Nebel.

Um eine einheitliche Auffassung zu gewährleisten, ist beim Gebrauch dieser Zeichen folgendes zu beachten:

⬤ Regen. Die Regentropfen fallen deutlich sichtbar herunter und sind größer als die Tropfen beim Nieseln.

✳ Schnee. Er fällt meist in Form von lockeren Flocken, bei größerer Kälte sind es Eissternchen.

❋ Regen und Schnee fallen gleichzeitig gemischt. Das Zeichen kann auch für Schneeflocken im tauenden Zustande verwendet werden.

⊹ Schneefegen. Der gefallene Schnee wird durch den Wind am Boden entlanggetrieben. Schneit es dabei, so ist das Zeichen ✳ hinzuzufügen.

⊹ Schneetreiben. Der Schnee wird durch den Wind emporgewirbelt. Es ist schwierig festzustellen, ob dabei Schnee fällt.

⊠ Schneedecke. Der Boden ist mit einer Schneedecke bedeckt; sie kann durchbrochen sein. Sind nur einzelne Flecken vorhanden, so schreibt man Fl.

❟ Rieseln ist ein feiner Regen mit kleinen Tropfen, die fast in der Luft zu schweben scheinen und selbst leichten Luftbewegungen folgen.

△ Eiskörner sind glasharte durchsichtige Eiskügelchen von 1 bis 4 mm Durchmesser, die auf hartem Boden deutlich hörbar abprallen.

△ Griesel besteht aus kleinen graupelähnlichen Körnern, deren Durchmesser kleiner als 1 mm ist. Wenn sie auf harten Boden fallen, prallen sie nicht ab und zerspringen auch nicht. Sie fallen nur in geringen Mengen und bestehen meist aus Eisnadeln oder Schneekristallen, die einen rauhreifartigen Überzug erhalten haben.

↔ Eisnadeln treten bei strenger Kälte auf. Sie fallen bei heiterem, ruhigem Frostwetter langsam herab, wobei sie in der Sonne glitzern.

✕ Reifgraupeln sind undurchsichtige Bällchen von schneeartiger Beschaffenheit. Sie sind spröde und leicht zusammendrückbar, prallen zurück, wenn sie auf harten Boden fallen und zerspringen dabei oft. Sie fallen bei Temperaturen um Null und meist zusammen mit Schnee.

△ Frostgraupeln sind halb durchsichtig, meist rund, und bestehen aus einem weichen trüben Kern mit einer umschließenden sehr dünnen Eisschicht; sie prallen nicht zurück, zerspringen auch nicht und fallen oft zusammen mit Regen.

▲ Hagel besteht aus verschieden geformten Eisstücken, deren Durchmesser zwischen 5 und 50 mm schwanken kann. Sie sind entweder mattdurchsichtig oder aus durchsichtigen und trüben Schichten zusammengesetzt.

▽ Schauer sind Niederschläge, die plötzlich einsetzen und aufhören und ihre Stärke sehr schnell ändern. Es wechseln dabei schnell dunkle, drohende Wolken mit helleren oder auch mit Aufklaren des Himmels, der dann tief blau erscheint.

Das Zeichen wird gewöhnlich zusammen mit ⬤ und ✳ in den Formen ⸱V̇ ✳V̇ gesetzt.

∨ Rauhreif ist der reifartige Ansatz von Eiskristallen, der sich bei Nebel besonders an senkrechten Flächen, an den Zweigen der Bäume, an Ecken und Kanten von Gebäuden bildet. Besonders dick und reifähnlich ist der Ansatz auf der Windseite.

∨ Rauheis, auch Rauhfrost genannt, bildet sich wie Rauhreif und hat die Beschaffenheit der Frostgraupeln, hat also einen Eisüberzug.

∞ Glatteis ist ein glatter eisförmiger Überzug sowohl an senkrechten wie an waagerechten Flächen.

⌾ Glatteisdecke am Boden entsteht aus unterkühltem Regen oder dadurch, daß Regen auf gefrorenen Boden fällt und dort sofort gefriert.

Falsch ist es, festgetretenen und vereisten Schnee, gefrorenes Tauwasser, gefrorene Regenwasserpfützen als Glatteis zu bezeichnen. Solche Erscheinungen werden besonders vermerkt.

≡ Nebel. Die Sicht ist geringer als 1 km.

≡ Nässender Nebel scheidet Wasser aus.

Dabei wird ebenso wie bei Nebel überhaupt die Stärke durch die Sichtweite bestimmt und als ≡² starker Nebel mit Wasserausscheidung bei einer Sichtweite von weniger als 200 m bezeichnet, während die Stärkeziffern 1 und 0 für Nebel eine Sichtweite bis mindestens 200 bzw. bis mindestens 500 m verlangen.

≡ Bodennebel. Der Nebel reicht etwa mannshoch.

= Nebeldunst. Die Sicht ist 1 km, der Nebeldunst ist im Gegensatz zum Dunst von grauer Farbe.

⌒ Tau besteht aus Wassertröpfchen, die sich durch Kondensation infolge von Abkühlung durch nächtliche Ausstrahlung an Gegenständen in der Nähe des Bodens absetzen.

⌣ Reif bildet sich in gleicher Weise wie Tau durch Ausscheiden von Eiskristallen.

C. Beobachtung der elektrischen Erscheinungen.[1]

Gewitter.

Als Gewitter gilt jede elektrische Erscheinung mit Blitz und Donner oder auch Donner allein, da der Blitz manchmal nicht gesehen wird; bestimmend ist, daß wenigstens ein Donner gehört wurde.

Zieht das Gewitter über die Beobachtungsstelle, so ist das Zeichen ⚡ zu verwenden; im anderen Falle, oder wenn nur Donner hörbar war, ist das Zeichen (⚡) zu setzen.

Stärke der Gewitter. Ob ein Gewitter schwach, mäßig stark oder stark war, wird durch die hochgestellten Stärkeziffern 0 oder 1 oder 2 ausgedrückt.

Zeitangaben. Der Beginn des Gewitters ist der Zeitpunkt des ersten Donners, der möglichst genau (in Minuten) anzugeben ist; für das Ende, das mit dem letzten Donner zusammenfällt, genügt eine Genauigkeit von $1/4$ Stunde. Kann bei einem Gewitter, das über die Beobachtungsstelle zieht, die Zeit der größten Nähe festgestellt werden, so ist diese Zeitangabe ohne weitere Zusätze einfach zwischen die Zeiten für Beginn und Ende zu setzen.

Beim Auftreten einer **Gewitterbö,** d.i. des kräftigen Windstoßes vor Beginn des Gewitters und des Platzregens, ist ebenfalls die Zeit und Stärke, aber auch die Himmelsrichtung, aus der sie weht, zu notieren.

Die Windstärke wird nach der von dem Admiral Beaufort vorgeschlagenen und nach ihm genannten Beaufortskala geschätzt. Die Stufen der Skala sind folgendermaßen zu deuten:

C = vollkommene Windstille (Calme)

1 = leiser Zug, der Rauch steigt fast gerade empor

2 = leichter Wind, hebt einen leichten Wimpel und bewegt zeitweilig Blätter von Bäumen

3 = schwacher Wind, bewegt eine Flagge und setzt Blätter von Sträuchern und Bäumen in ziemlich ununterbrochene Bewegung, kräuselt die Oberfläche stehender Gewässer

4 = mäßiger Wind, streckt einen Wimpel, bewegt unbelaubte schwächere Baumäste

---

[1] Diese Beobachtungen werden nur von den besonders dazu aufgeforderten Beobachtern ausgeführt.

5 = frischer Wind, streckt größere Flaggen, bewegt unbelaubte größere Äste, wird für das Gefühl schon unangenehm, wirft auf stehenden Gewässern Wellen

6 = starker Wind, wird an Häusern und anderen festen Gegenständen hörbar, bewegt schwächere Bäume, wirft auf stehenden Gewässern Wellen, die vereinzelt Schaumköpfe zeigen

7 = steifer Wind, bewegt unbelaubte Bäume mittlerer Stärke, wirft auf stehenden Gewässern Wellen mit vielen Schaumköpfen

8 = stürmischer Wind, bewegt stärkere Bäume und bricht Zweige und normale Äste ab; ein gegen den Wind schreitender Mensch wird merkbar aufgehalten

9 = Sturm, unbelaubte größere Äste werden abgebrochen, Dächer werden beschädigt

10 = voller Sturm, Bäume werden umgebrochen

11 = schwerer Sturm, zerstörende Wirkungen schwerer Art

12 = Orkan, verwüstende Wirkungen.

Zugrichtung. Die Richtung, aus der das Gewitter kommt und nach der es abzieht, ist stets in der aus den nachfolgenden Beispielen ersichtlichen Weise zu vermerken.

Beispiele: 1. Ein schweres Gewitter kam aus SW, ging über die Beobachtungsstelle hinweg und zog nach NO[1]) ab. Der erste Donner war hörbar um 16⁵⁴, der letzte gegen 18¹/₄. Das Gewitter war am nächsten um 17¹/₂. Die Aufzeichnung lautet:
⌁² SW—NO 16⁵⁴—17¹/₂—18¹/₄.

2. Ein mäßig starkes Gewitter zog von W im Süden der Beobachtungsstelle nach SE vorbei, also nicht über die Beobachtungsstelle hinweg. Der erste Donner war um 21³⁷ hörbar, der letzte gegen 22¹/₂. Dabei wurde eine Gewitterbö beobachtet. Die Aufzeichnung lautet: (⌁¹) W—S—SO 21³⁷—22¹/₂ Bö 21⁴⁰ NW 6.

Wetterleuchten.

Als Wetterleuchten ⚡ werden das Aufleuchten von Blitzen und die von ihnen herrührenden Lichterscheinungen ohne sichtbare Blitze bezeichnet, wenn kein Donner hörbar ist. Blitzerscheinungen ohne Donner, die einem heraufziehenden Gewitter voraufgehen oder einem abziehenden nachfolgen, zählen nicht unter Wetterleuchten.

Nordlicht.

Das Nordlicht ⌂ erscheint am Nordhorizont in mannigfachster Form, meist als Bogen, von dem Strahlen nach dem Zenit hin ausgehen, oder als Bänder vorhangartig ausgebreitet. Die Farbe ist gelblichgrau bis rötlich.

---

1) Ost wird einer internationalen Vereinbarung entsprechend häufig nicht mit O, sondern mit E (nach dem englischen East) bezeichnet, um die Verwechslung mit der Abkürzung des französischen Ouest (Westen) zu vermeiden. Der Beobachter des deutschen Reichswetterdienstes verwende aber nur die Anfangsbuchstaben der deutschen Richtungsbezeichnungen.

D. Beobachtung der optischen Erscheinungen.[1]

Der Regenbogen ⌒ ist ein farbiger Bogen, der sich bei vollem Sonnenschein auf den der Sonne gegenüberliegenden Regenwolken und Regenstreifen zeigt. Er ist innen violett, außen rot. Außer dem Hauptregenbogen von 41° Radius tritt häufig noch ein zweiter schwächerer Nebenregenbogen mit einem um 12° größeren Radius und umgekehrter Farbenfolge auf. An den Haupt= und auch an den Nebenregenbogen schließen sich mitunter noch weitere Regenbögen an.

Sonnenring ⊕ (Abb. 8) **und Mondring** ▽. Durch Brechung und Spiegelung an den aus Eiskristallen bestehenden Teilchen der höheren Wolken entstehen mitunter leuchtende Ringe mit einem Radius von 22°, in dessen Mittelpunkt die Sonne oder der Mond steht. Seltener tritt noch ein weiterer Ring mit einem Radius von 45° auf. Die Ringe sind farbig, innen rötlich und scharf abgegrenzt, außen verwaschen.

Außer den beiden Ringen, die dem Beobachter als Kreis erscheinen, treten auch Ringe auf, bei denen die Ringfläche in der Blickrichtung liegt, so daß sie dem Beobachter nur als gerade Linien erkennbar sind. Es sind der Horizontalkreis und ein Vertikalkreis, von denen meist nur der über dem Gestirn liegende Teil sichtbar ist. Dieser wird Lichtsäule genannt. Mitunter erscheinen Teile von Kreisen, die den Ring von 22° Radius oben und unten berühren. Sie werden als Berührungsbogen bezeichnet. Die hellen Flecke, die da entstehen, wo die Berührungsbogen den Ring von 22° berühren, bzw. wo die

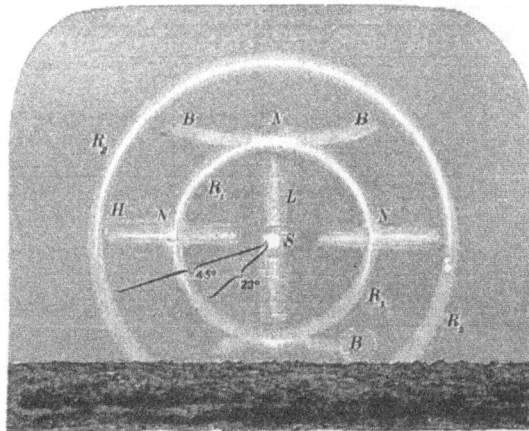

Abb. 8.

---

1) Diese Beobachtungen werden nur von den besonders dazu aufgeforderten Beobachtern ausgeführt.

Lichtsäule ihn schneidet und wo der Horizontalkreis den Ring schneidet, heißen Nebensonnen und Nebenmonde.

Sonnenhof ☉ und Mondhof ☽. Durch Beugung der Lichtstrahlen entstehen um die Sonne und den Mond kleine Lichtkreise von verschiedenem Durchmesser innen bläulich, außen rötlich.

Dunst ∞ ist eine Trübung der Luft durch feine feste Teilchen. Es handelt sich meist um Staub von Verbrennung und anderen chemischen Vorgängen, aber auch um Salzteilchen vom Meer. Die Teilchen sind so klein, daß sie vom Auge nicht wahrzunehmen sind. Der Dunst liegt wie ein Schleier über der Landschaft, blau bei dunklem, gelb bis orange bei hellem Hintergrund.

––––––––––

E. Eintragung der Beobachtungen in das Tagebuch.

Allgemeine Anweisungen.

Zur Eintragung ist ein gewöhnlicher Bleistift, nicht Tinte oder ein färbender Bleistift zu verwenden, da sonst bei Regenwetter die Schrift leicht verwischt werden kann.

Die Namen der Meßstelle und des Beobachters sind an den hierfür vorgesehenen Stellen des Tagebuches einzuschreiben; dort ist auch bei Neueinrichtung der Meßstelle, sowie beim Beobachterwechsel der Tag der Übernahme der Beobachtungen zu notieren.

Ist nicht zur vorgeschriebenen Zeit gemessen worden, so ist die Messungszeit bei der Niederschlagsmenge des betreffenden Tages besonders zu vermerken.

Falls im Winter die Messungen regelmäßig zu einem bestimmten späteren Termin als 7 Uhr morgens vorgenommen werden, ist auf der ersten Seite des Tagebuches (Titelblatt) anzugeben, von und bis zu welchem Tage dieser Messungstermin eingehalten worden ist.

Fällt eine Messung ausnahmsweise[1]) ganz aus, so ist zu dem Tag ein entsprechender Vermerk zu setzen.

Die Ergänzungsblätter für die einzelnen Monate (am Schluß des Tagebuches) sollen auch dazu dienen, Aufzeichnungen über auffallende Witterungsereignisse, über den Zustand der Straßen (Überschwemmung, Glatteis, gefrorene Pfützen, Schneeglätte u. dergl.) sowie über Saat- und Ernteverhältnisse zu machen.

Im Tagebuch ist vorn ein Muster für die Ausfüllung eingeheftet, das auch dieser Anleitung als Anlage beigegeben ist.

Die Tagebücher sind an der Meßstelle aufzubewahren und nur auf besonderes Verlangen einzusenden.

Aufzeichnungen über Niederschläge.

Niederschlagsmenge. Die gegen 7 Uhr morgens gemessene Niederschlagsmenge ist stets dem Messungstag zuzuschreiben, und zwar auch dann, wenn der Niederschlag teilweise oder ausschließlich am vorhergehenden Tag gefallen ist, da sie die Tagessumme des 24-stündigen Zeitraumes von 7 Uhr des Vortages bis 7 Uhr des Messungstages darstellt. Danach rechnen Niederschlagsmengen,

---

1) Falls der Beobachter verhindert ist, die Messung durchzuführen, hat er rechtzeitig seinen Vertreter zu benachrichtigen.

die am letzten Tag eines Monats nach 7 Uhr morgens fallen, schon zum folgenden Monat.

Ist im Laufe des Tages eine Teilmessung (s. S. 6 u. 8) vorgenommen worden, und nach ihr bis zum nächsten Morgen kein weiterer Niederschlag gefallen, so ist die Niederschlagshöhe der Teilmessung gleichzeitig der Wert, der für den folgenden Morgen als Tagesmenge einzutragen ist.

Findet sich aber am Morgen nach der Teilmessung wieder Niederschlag in der Kanne, so ist der nun gefundene Wert (Restmessung) zu dem Wert der Teilmessung hinzuzuzählen, um die Tagesmenge zu erhalten.

Die Angaben der Teilmessung für Spalte 3 gehören selbstverständlich zu dem Tag, an dem die Teilmessung ausgeführt wird.

Beispiele: 1. Es hat am 26. III. von 5½ bis 6½ Uhr geregnet. Die Messung am 26. III. 7 Uhr, die 1.5 mm ergab, ist für diesen Messungstag einzutragen.

2. Es hat am 13. II. von 10^{30} bis 16^{20} Uhr und am 14. von 5 bis 6 Uhr geregnet. Die Messung am 14. II. 7 Uhr, die 4.5 mm ergab, ist für den 14. (Messungstag) einzutragen.

3. Am 31. III. hat es von 17^{45} bis $19\frac{1}{4}$ Uhr geregnet. Die Messung am 1. IV. 7 Uhr, die 2.3 mm ergab, ist für diesen Messungstag einzutragen, nicht für den 31. III.

4. Am 6. IV. ging von 15^{23} bis 15^{48} Uhr ein starker Gewitterregen hernieder, dem bis zum nächsten Morgen kein weiterer Niederschlag folgte. Die um 15^{50} Uhr vorgenommene Messung ergab 37.4 mm. Diese Teilmessung ist als solche mit Angabe des Zeitpunktes in Spalte 3 zum 6. IV., gleichzeitig aber auch als Tagesmenge von 37.4 mm zum 7. IV. einzutragen.

5. Am 17. V. hat es von 14^{20} bis 15^{10} und von $16\frac{1}{2}$ bis $20\frac{3}{4}$ Uhr geregnet. Die um 15^{20} vorgenommene Teilmessung ergab 23.3 mm, am anderen Morgen um 7 Uhr wurden 4.2 mm gemessen. Die Teilmessung ist als solche mit Angabe des Zeitpunktes in Spalte 3 zum 17. V., die aus 23.3+4.2 mm gebildete Tagessumme von 27.5 mm zum 18. V. einzutragen.

Form, Stärke und Zeit der Niederschläge sind zu dem Tag zu schreiben, an dem die Niederschläge fielen. Hinter das Zeichen der Niederschlagsform mit Stärkeziffer wird die Zeit des Anfangs und des Endes des Niederschlages gesetzt.

Beispiele: 1. Beobachtung: Es hat von 10^{35} bis 12^{10} Uhr stark geregnet.
Aufzeichnung: $●^2$ 10^{35}—12^{10}.

2. Beobachtung: Es hat von $10^{3}/_{4}$ bis $15\frac{1}{2}$ Uhr schwach geschneit.
Aufzeichnung: $✳^0$ $10^{3}/_{4}$—$15\frac{1}{2}$.

3. Beobachtung: Von früh an, bereits vor 6 Uhr — der genaue Beginn konnte nicht beobachtet werden — hat mäßig starker Nebel bis gegen 10 Uhr geherrscht.
Aufzeichnung: $≡^1$ na—10.

4. Beobachtung: Schwerer Hagelfall von 14^{28} bis 14^{31} Uhr.
Aufzeichnung: $▲^2$ 14^{28}—14^{31}.

5. Beobachtung: Morgens um 6 Uhr regnete es leicht, und es bestand bereits eine starke Glatteisdecke. Der Regen hörte gegen 10 Uhr auf, das Glatteis bestand im allgemeinen bis 11 Uhr, stellenweise bis 12 Uhr.
Aufzeichnung: $●^0$ na—10, ⊟ na—11, stellenweise —12.

6. Beobachtung: Früh befand sich starker Tau auf den Pflanzen. Das Verschwinden wurde nicht beobachtet.
Aufzeichnung: $⌒^2$ fr.

Kennzeichnung der Schneetage. Einen hochgestellten Stern (*) erhalten Tagesmengen von mindestens 0.1 mm, wenn sie von Schnee oder von Schnee und Regen herrühren, selbst dann auch, wenn bei Regenfall nur vereinzelte Schneeflocken wahrgenommen wurden. Alle diese Tage gelten als Tage mit Schnee.

Schneedichte. Für die Eintragung der Schneedichtemessungen sind hinten im Tagebuch besondere Vordruckblätter eingeheftet.

Aufzeichnungen über Gewitter.

Beobachtungen der elektrischen Erscheinungen mit Angabe der Stärke und Zeit werden in der Reihenfolge ihres Eintretens mit den Aufzeichnungen über Form und Zeit des Niederschlages in der dafür vorgesehenen Spalte 3 des Tagebuches fortlaufend eingetragen.

Werden erweiterte Beobachtungen über die Entwicklung und den Verlauf eines Gewitters und seiner Begleiterscheinungen angestellt, so ist der für „ergänzende Gewitterbeobachtungen" freigehaltene Raum zu benutzen. Näheres darüber siehe in den „Erläuterungen für das Eintragen in das Tagebuch", die jedem Tagebuch vorgedruckt sind.

Aufzeichnungen über optische Erscheinungen.

Angaben über optische Erscheinungen sind in Spalte 3 des Tagebuches aufzunehmen. Die Stärke der Erscheinung kann, soweit wie möglich, durch die hochgestellten Ziffern 0 oder 1 oder 2 gekennzeichnet werden. Die Zeitangabe ist dem Zeichen für die Erscheinung nachzusetzen.

Beispiele: $\oplus^1$ 16—17, $\triangledown$ 22.

Wird eine ausführlichere Schilderung gegeben, so sind die Ergänzungsblätter Seite 59 bzw. 60 ff. zu verwenden.

F. Aufstellung der Monatstabellen.

Allgemeine Anweisungen.

Um die Beobachtungen übersichtlich zusammenstellen zu können, erhält der Beobachter Tabellenvordrucke, in die aus dem Tagebuch die Beobachtungen monatweise mit Tinte eingetragen werden. Welche Beobachtungen in die einzelnen Spalten einzutragen sind, ist aus den Überschriften der Spalten ersichtlich, über die Art der Eintragung aber gibt am besten die in der Anlage beigefügte Mustertabelle Auskunft.

Es ist streng darauf zu achten, daß die Angaben des Namens der Meßstelle, Monats, Jahres usw. auf der Tabelle nicht fehlen. Die Höhe des Geländes über Normal Null wird, sofern sie dem Beobachter nicht bekannt ist, auf Anfrage mitgeteilt.

Die Tabelle muß spätestens 3 Tage nach Monatsschluß aufgestellt sein und abgesandt werden. Diese Frist ist unbedingt einzuhalten, da die Beobachtungen für die Bearbeitung von Niederschlagsberichten und für den Entwurf von Niederschlagskarten sofort gebraucht werden.

Für Mitteilungen, die sich auf Ausbesserung oder Erneuerung des Meßgerätes oder Ersatz des Meßglases, bevorstehenden Beobachterwechsel usw. beziehen, sind nicht die Monatstabellen, sondern ausschließlich die dem Beobachter zugesandten Mitteilungsvordrucke zu benutzen.

Sonderhinweise.

Niederschlagsmenge. Die Aufrechnung der Niederschlagsmengen erfolgt zunächst für jedes Monatsdrittel und danach für den ganzen Monat.

Als größte Tagesmenge ist der Höchstwert des Niederschlages in 24 Stunden nebst Datum einzutragen und bei dem betreffenden Tag durch Unterstreichen hervorzuheben; ebenso wird auch die größte Schneedeckenhöhe, die während des Monats um 7 Uhr morgens gemessen wurde, unterstrichen.

Bei Teilmessungen werden der Zeitpunkt der Messung und das Messungsergebnis nebeneinander gesetzt.

Form, Stärke und Zeit der Niederschläge. Reicht die hierfür vorgesehene Zeile eines Tages nicht aus, so ist die anschließende Zeile der Bemerkungen hinzuzunehmen und die Fortführung der Angaben durch Linien abzugrenzen.

Niederschlagstage. Bei der Auszählung der Tage mit mindestens 10.0 mm, 1.0 mm, 0.1 mm Niederschlag ist es gleichgültig, ob die Menge von Regen, Schnee, Graupeln, Hagel, Eiskörnern, Nebel usw. oder von mehreren dieser Niederschlagsformen zugleich herrührt. Bei der Feststellung der Zahl der Tage mit mindestens 1.0 mm Niederschlag sind die Tage mit mindestens 10.0 mm, bei der Feststellung der Zahl der Tage mit mindestens 0.1 mm Niederschlag die Tage mit mindestens 1.0 mm und mit mindestens 10.0 wieder mitzuzählen.

Schneetage. Als Zahl der Tage mit mindestens 0.1 mm Schnee werden die Tage zusammengefaßt, deren Niederschlagsmenge von Schnee oder von Schnee und Regen herrührt und 0.1 mm oder mehr beträgt. Nach Seite 21 sind demnach alle Tage auszuzählen, deren Tagesmengen mit einem hochgestellten Stern (*) versehen wurden.

Schneedeckentage. Zu den Tagen mit einer Schneedecke von 0 cm und mehr zählen alle Tage, an denen um 7 Uhr morgens eine Schneedecke lag; die Tage mit Schneeflecken (Fl.) sind nicht mitzuzählen.

Bei der Auszählung der Tage mit einer Schneedecke von 1 cm und mehr bleiben die Tage mit einer Schneedeckenhöhe von 0 cm unberücksichtigt.

Gewitter und besondere Witterungserscheinungen. Für die Eintragung der Gewitterbeobachtungen ist die Rückseite der Tabelle vorgesehen; gleichzeitig ist zu dem betreffenden Tag in die Spalte 4 der Vorderseite das Zeichen für Gewitter oder Wetterleuchten ohne jede weitere Angabe zu setzen. Freibleibender Raum auf der Rückseite der Tabelle kann zu ausführlicheren Schilderungen von besonderen Witterungserscheinungen (starke Stürme, Regengüsse mit verheerenden Folgen, starke Hagelschäden, Auftreten von weitverbreiteten Staubfällen, Polarlichtern, optischen Erscheinungen u. dergl.) benutzt werden.

Aus:
Reichsamt für Wetterdienst.
Anleitung für die Beobachter an den Wetterbeobachtungsstellen
des Deutschen Reichswetterdienstes.
(Besondere Beobachtungen und Instrumente.)

Der Schreibregenmesser Hellmann=Fueß.

Der Schreibregenmesser dient zur fortlaufenden Aufzeichnung der gefallenen Niederschlagsmengen. Der infolge seiner einfachen Bauart nicht nur in meteorologischen, sondern namentlich auch in bautechnischen Kreisen verbreitetste Apparat dieser Art ist der Schreibregenmesser nach Hellmann=Fueß (normale Ausführung[1]).

Beschreibung (Abb. 1). Auf einem zylindrischen Gehäuse aus starkem Eisenblech sitzt das Auffanggefäß, dessen Öffnung wie bei dem gewöhnlichen Hellmannschen Regenmesser 200 qcm mißt und von einem scharfkantig abgedrehten Messingring R umgrenzt wird. Das einfallende Regenwasser fließt durch eine Metallröhre in das zylindrische Messinggefäß G mit Schwimmer, an dessen Achse S ein Hebelarm mit der Schreibfeder angebracht ist. Die Schreibfeder zeichnet die Bewegung des Schwimmers auf dem Schreibstreifen auf, der auf der Trommel T durch einen federnden Metallbügel (Haltespange) befestigt wird. Das Eigengewicht des Schreibarms drückt die Schreibfeder an das Papier an. Das in der Trommel befindliche Uhrwerk dreht diese in einem Tage einmal um ihre Achse.

Die Stellung des Schwimmers ist durch eine im Gefäß G enthaltene kleine Wassermenge (von etwa 6 cm Höhe) so festgelegt, daß, wenn kein Wasser von oben hinzukommt, die Schreibfeder gerade auf die Nullinie des geteilten Papierstreifens schreibt.

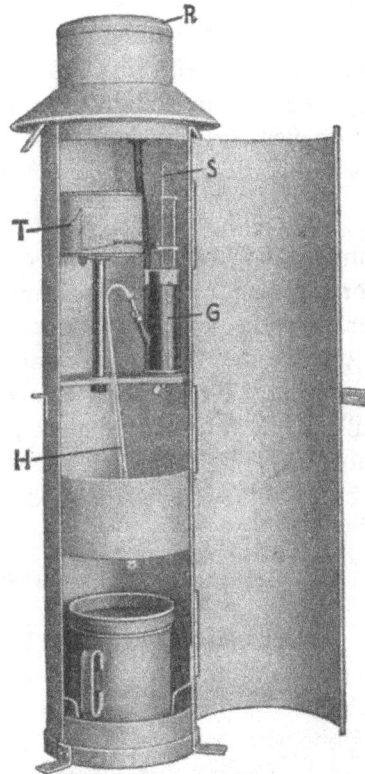

Abb. 1.

Fließt Wasser aus dem Auffanggefäß nach unten in das Gefäß G so steigt der Schwimmer aufwärts und damit auch die Schreibfeder, die eine aufsteigende Kurve, die Regenhöhenganglinie, zeichnet. Wenn die Feder am oberen Ende

---

1) Das „große" Modell, bei dem die Niederschlagsmenge in kleinerem, die Zeit aber in größerem Maßstabe aufgezeichnet werden, kommt nur selten zur Aufstellung.

der Teilung bei 10 mm angelangt ist, entleert sich die gefallene Regenmenge (200 ccm) aus dem Gefäß G durch einen seitlich angebrachten Glasheber H in die am Boden des Schreibregenmessers stehende Sammelkanne. Während sich das Gefäß G auf diese Weise entleert, geht die Schreibfeder senkrecht nach unten bis zur Nullinie und beginnt dann, falls es weiter regnet, von neuem zu steigen.

Schreibstreifen. Auf dem Schreibstreifen geben die senkrechten Linien die Zeit, die waagerechten die Niederschlagshöhe an. Die Zeitteilung geht von 10 zu 10 Minuten; die Stunden sind durch stärkere Striche hervorgehoben.

Für die Niederschlagshöhe ist eine Teilung nach ganzen und zehntel Millimetern vorgedruckt.

Aufstellung des Schreibregenmessers.

Der Aufstellungsplatz muß den gleichen Bedingungen entsprechen, wie sie für die Aufstellung des gewöhnlichen Hellmannschen Regenmessers gelten[1]). Falls an einem Meßort der gewöhnliche Regenmesser und der Schreibregenmesser aufgestellt sind, ist darauf zu achten, daß beide Apparate möglichst unmittelbar benachbart stehen, sonst gehen ihre Angaben zu weit auseinander.

Befestigung des Schreibregenmessers. Der Apparat wird mit den drei unten angebrachten Laschen auf einen in die Erde (50 bis 60 cm tief) eingelassenen dreiseitigen Holzbock oder auf eine Grundplatte aus Beton aufgeschraubt und, wenn nötig, durch starke verzinkte Drähte nach drei Seiten verankert. Zu diesem Zweck sind oben am Gehäuse dicht unterhalb des Schutzkragens drei Ösen angebracht. Die Auffangfläche befindet sich alsdann 1.15 m über dem Erdboden. Liegt indessen bei dem gleichzeitig am Meßort aufgestellten gewöhnlichen Regenmesser die Auffangfläche höher, so muß der Höhenunterschied durch die größere Höhe des Holzbocks oder Betonsockels ausgeglichen werden.

Zusammensetzen und Überprüfen des Schreibregenmessers.

Beim **Einsetzen des Heberrohrs** in das Schwimmergefäß ist zu beachten, daß der unterhalb der vernickelten Verschlußschraube V befindliche Gummiring G (Abb. 2) nicht beschädigt wird. Die Schraube ist zunächst zu lockern und nach dem Einsetzen des Rohres etwas anzuziehen. (Sollte sich das Heberrohr nicht leicht einschieben lassen, so ist die Verschlußschraube V abzuschrauben — dabei beachten, daß die dünne Platte P in der Schraube nicht verloren geht; dann ist zunächst die Verschlußschraube V mit der dünnen Platte P und darauf der Gummiring G auf das Heberrohr zu schieben und dieses in das Schwimmergefäß einzusetzen). Der Apparat wird zunächst durch langsames Eingießen von Wasser in den Auffangtrichter in Betrieb gesetzt. Der Schwimmer steigt dabei in die Höhe, und die Feder zeichnet auf dem Schreibstreifen eine „Ganglinie". Schließlich erfolgt das Abhebern. Sofort hört man mit dem Zugießen des Wassers auf; die Gang=

1) Siehe S. 4 der Anleitung für die Beobachter an den Niederschlagsmeßstellen.

linie geht beinahe bis auf 0 zurück. Um die Nullinie genau zu erreichen, löst man jetzt die in der Abbildung 2 mit K bezeichnete Schraube, verschiebt das Metallstück auf der Stange des Schwimmers so, daß die Schreibfeder nunmehr gerade auf der Nullinie steht, und zieht die Schraube wieder an.

Durch erneutes Eingießen und Abhebern läßt sich die richtige 0 Einstellung prüfen und gegebenenfalls noch korrigieren.

Falls das Abhebern nicht bei 10 mm erfolgt, ist das Heberrohr nach Lockerung der Feststellvorrichtung A und der Verschraubung V nach oben oder unten zu verschieben, bis die richtige Einstellung erreicht ist. Nunmehr wird die Feststellvorrichtung bis zu der Verschlußschraube herangeführt und dann die Schraube A wieder festgeschraubt. Für diese Prüfung darf man das Wasser kurz vor dem Abhebern nur ganz vorsichtig eingießen.

Durch genaue Einstellung kann man erreichen, daß der Apparat bei 10 mm abhebert und dann auf 0 zurückgeht, so daß jede Abheberung genau der Niederschlagshöhe von 10 mm entspricht. Im Betriebe zeigt sich aber auf den Registrierungen, daß nach längerer Trockenheit das Abhebern erst bei einem Stande von einigen Zehnteln über 10 mm erfolgt, daß es dagegen bei Gußregen bereits

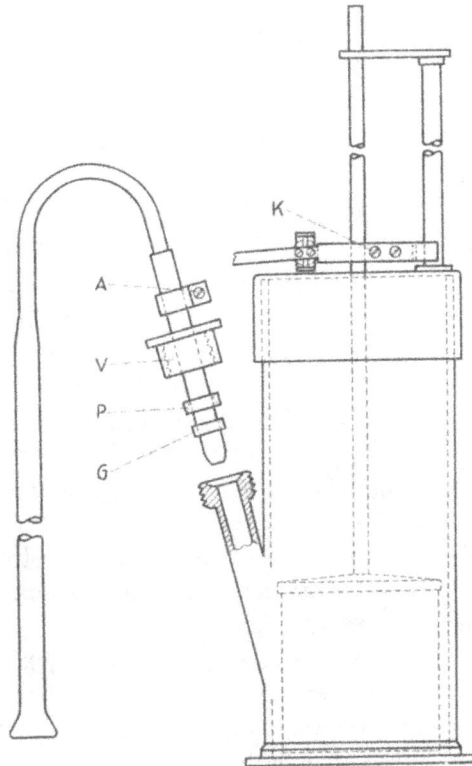

A = Feststellvorrichtung   V = Verschlußschraube
P = Platte   G = Gummiring   K = Klemmschraube

Abb. 2.

erfolgt, ehe der 10 mm Strich erreicht ist. Der Grund für diese Abweichungen liegt im verschiedenen Benetzungszustande der Heberröhre.

Die Registrierung wird aber dadurch nicht ungenauer, weil bei der Auswertung die aufgezeichnete Ganglinie zugrunde gelegt wird.

Beispiel: Stand zu Beginn des Regens . . . . . . 1.7 mm
Abheberung . . . . bei 10.4 mm
ergibt als Differenz (Regenmenge) . . . . 8.7 mm

Weiterhin kann es vorkommen, daß die Schreibfeder bei der Abheberung nicht auf 0 zurückgeht, sondern beispielsweise bei 0.3 mm ihren tiefsten Stand aufzeichnet. Auch das bedingt keinen Fehler, denn man rechnet:

Beispiel: Stand . . . . 0.3 mm
Abheberung . . . . bei 9.7 mm
Differenz (Regenmenge) . . . . 9.4 mm

Der **Hebelarm**, der die Schreibfeder trägt, muß so gebogen sein, daß die Feder senkrecht auf dem Papier aufliegt. Der Hebel darf aber nicht die Uhrtrommel berühren; ist dies der Fall, so ist der Hebel vorsichtig mit dem Daumen und Zeigefinger zu biegen.

Die **Achse der Uhr** und das **Schwimmergefäß** müssen genau senkrecht stehen, dann schreibt die **Feder** beim Abhebern parallel zu den Zeitlinien.

Bedienung des Schreibregenmessers.

Allgemeine Anweisungen. Die Bedienung des Schreibregenmessers und die Messung der Tagesmenge mit dem gewöhnlichen Regenmesser muß täglich zu dem gleichen Termin erfolgen, der zwischen 6 und 8 Uhr fällt. Der genaue Zeitpunkt der Messung wird dem Beobachter mitgeteilt.

Der Beobachter hat stets nachzusehen, ob das Zu- oder Ablaufrohr nicht etwa durch Insekten, Laubwerk usw. verstopft ist, da dadurch Störungen in der Aufzeichnung der Niederschläge hervorgerufen werden.

Es ist streng darauf zu achten, daß am linken Ende des Schreibstreifens der Name der Meßstelle und des Beobachters, sowie das Datum und die genaue Zeit (Stunde und Minute nach mitteleuropäischer Zeit[1]) des Auflegens und Abnehmens des Streifens vermerkt wird. Zu diesen Eintragungen ist, da die Streifen manchmal naß werden, ein gewöhnlicher Bleistift, nicht Tintenstift oder dergleichen zu verwenden.

Um nachträgliche Ausdehnungen des Papieres bei feuchtem Wetter zu vermeiden, ist es zweckmäßig, im Gehäuse des Schreibregenmessers einen kleinen Vorrat von Schreibstreifen zu halten, aus dem die neu aufzulegenden Streifen zu entnehmen sind.

Auflegen des Schreibstreifens. Nachdem die Schreibfeder zurückgeklappt und die Haltespange abgenommen ist[2]), wird der Schreibstreifen so um die Uhrtrommel gelegt, daß die Streifenenden an die Stelle der Haltespange zu liegen kommen, und alsdann die Haltespange wieder aufgesteckt. Der Streifen muß möglichst vollkommen glatt anliegen und mit der unteren Kante in seiner ganzen Länge auf dem Rande der Uhrtrommel aufstehen. Danach wird die Schreibfeder wieder gegen das Papier angelegt. (Muster eines Schreibstreifens als Anlage.)

Einstellung der Schreibfeder. Um die Schreibfeder auf die augenblickliche Tageszeit genau einzustellen, wird die Uhrtrommel vorsichtig von links nach rechts (entgegengesetzt dem Uhrzeiger[3]) gedreht; hat man zu weit gedreht, so dreht man um ein größeres Stück in umgekehrtem Sinne zurück und beginnt wieder mit der langsamen Bewegung von links nach rechts. Ist die genaue Zeiteinstellung erreicht, so wird durch Heben der Feder eine kleine senkrechte Zeitmarke angebracht.

---

1) Die Uhr, nach der man den Schreibregenmesser einstellt, ist öfter mit der Zeitansage im Rundfunk zu vergleichen.

2) Bei älteren Mustern muß hierzu der das Schwimmergefäß abschließende Deckel, auf dem das Führungsgestänge für den Schreibhebel befestigt ist, gedreht werden.

3) Der Einfluß des „toten Ganges" wird so ausgeschaltet.

Während der Einstellung kann die Feder vom Papier abgehoben werden, doch muß man sich nachher überzeugen, daß die Feder wirklich schreibt. Nötigenfalls ist frische Tinte in die Feder zu füllen. Ist die Feder verschmutzt, so ist sie vom Hebel abzunehmen und durch Eintauchen in Wasser oder Spiritus zu reinigen, oftmals genügt es jedoch, den Spalt in der Schreibfeder mit einem Streifen festen Papiers oder einem dünnen Metallblättchen zu durchfahren.

Abnehmen des Schreibstreifens. Man verfährt in der gleichen Weise wie beim Auflegen des Schreibstreifens. Ein Streifenwechsel zum Morgen-Termin ist unbedingt erforderlich, wenn während der abgelaufenen 24 Stunden ein stärkerer Regen, insbesondere ein solcher mit ein- oder mehrmaligem Abhebern gefallen ist. Hat es indessen nicht oder nur unbedeutend geregnet, so kann aus Sparsamkeitsgründen der Streifen noch weitere Tage verwendet werden, indem durch Eingießen einer Wassermenge, die einer Niederschlagshöhe von etwa 1 bis 2 mm entspricht, die Feder gehoben wird; durch Drehen der Uhrtrommel über die Haltespange hinweg wird alsdann die Schreibfeder auf die rechte Seite gebracht und auf richtige Uhrzeit genau eingestellt. Hierbei ist am Anfang und Ende jeder Linie mit Bleistift das Datum zu vermerken, und Zeitmarken sind anzubringen. Vor dem Abnehmen des Schreibstreifens sind die gleichen Vermerke zu machen. Länger als 5 Tage soll der Streifen auch in Trockenzeiten nicht benutzt werden.

Uhrwerk. Das Uhrwerk muß jeden Montag aufgezogen werden, der Uhrschlüssel ist dabei von links nach rechts, also gegen den Sinn des Uhrzeigers, zu drehen. Die beiden Öffnungen im oberen Deckel der Uhrtrommel zum Aufziehen des Werkes und zur Regelung des Ganges sind stets gut verschlossen zu halten, um Verunreinigungen durch Staub oder das Eindringen von Insekten zu verhindern. Eine Ölung des Uhrwerkes ist nicht notwendig. Ein unnötiges Drehen der Uhrtrommel ist dringend zu vermeiden.

Auftretende Störungen und ihre Beseitigung.

Nicht-Abhebern ist meist auf eine Verunreinigung des Glasrohres (Staub, Fett) oder auf undichte Stellen zwischen Schwimmergefäß und Glasrohr zurückzuführen; das Reinigen des Rohres geschieht mit Salzsäure, Benzin oder Seife.

Teilweise Verstopfung des Zu- oder Abflußrohrs durch eingedrungene Insekten, Laub oder ähnliche Fremdkörper, die in den Auffangtrichter gefallen sind, wird bei schwachem Regen keine erkennbare Störung der Kurve hervorrufen; auch bei stärkeren Regenfällen wird es selten auffallen, daß die Ganglinie geglättet ist und keine Einzelheiten der Regenstruktur mehr aufweist. Der Auffangtrichter ist daher täglich nachzusehen, und etwa vorgefundene Fremdkörper sind zu entfernen. Die Röhren können mit einer Hühner- oder Entenfeder gereinigt werden.

Hemmung des Schwimmers mit dem daran befestigten Schreibhebel kann durch eine Verbiegung der Führungsstange verursacht werden; die Führungsstange am Schwimmer muß sich leicht bewegen.

Schräger Verlauf der Abheberungslinie wird beseitigt, indem die Mutter=
schraube an der Uhrtrommel oder die Flügelschraube am Schwimmergefäß etwas
gelöst und Uhrwerk oder Schwimmergefäß durch Unterschieben kleiner Holz=
blättchen oder Blechstückchen in die richtige senkrechte Lage gebracht wird.

Störungen am Uhrwerk durch Bruch der Feder sind durch einen Uhrmacher
zu beheben, in anderen Fällen ist sofort ein neues Uhrwerk mit dazugehöriger
Achse anzufordern. Falscher Gang der Uhr wird durch Verstellen eines im Uhr=
werk eingebauten Zeigers geregelt (Öffnung im oberen Deckel der Uhrtrommel).

Außerbetriebsetzung des Schreibregenmessers.

Da der Schreibregenmesser zur Aufzeichnung von Schneefällen nicht ge=
eignet ist, soll das Instrument in den Landesteilen, wo stärkere Fröste auf=
zutreten pflegen, nur während der frostfreien Zeit in Tätigkeit bleiben. Bei
vorübergehend einsetzenden Nachtfrösten läßt sich ein Einfrieren des Schwimmers
durch Einbau einer elektrischen Heizung verhindern. Im westlichen Deutsch=
land mit seinen milderen Wintern kann es auf diese Weise möglich sein, den
Schreibregenmesser das ganze Jahr hindurch in Betrieb zu halten. Dort,
wo dies nicht möglich ist, müssen im Herbst, sobald stärkere Fröste zu erwarten
sind, das Uhrwerk und das durch eine Flügelschraube befestigte Schwimmer=
gefäß nebst Heberrohr herausgenommen werden. Diese Teile sind dann bis
zum Frühjahr in einem frostfreien Raum aufzubewahren. Bei dieser Ge=
legenheit ist das Schwimmergefäß zu reinigen.

Der Apparat wird während des Winters mit dem gelieferten Deckel gut
verschlossen, der nötigenfalls mit Draht festgebunden wird. Im Laufe des April
ist der Schreibregenmesser wieder in Betrieb zu setzen. Eine Ölung der gleitenden
und beweglichen Teile ist nicht notwendig und könnte eher schaden.

Auswertung der Aufzeichnungen.

Die Auswertung der Aufzeichnungen wird nur von den hierzu auf=
geforderten Beobachtern nach Anweisung auf besonderen Vordrucken durch=
geführt. Die Auswertungen sollen aber nicht anstatt der Niederschlagshöhen,
die durch Messung mit dem gewöhnlichen Hellmannschen Regenmesser erhalten
werden, in die allgemein auszufüllenden Monatstabellen eingetragen werden.
Diese Messungen dürfen nicht unterbleiben, auch wenn gleichzeitig ein Schreib=
regenmesser in Betrieb ist, weil sie zur Prüfung der Zuverlässigkeit des
Schreibregenmessers erforderlich sind.

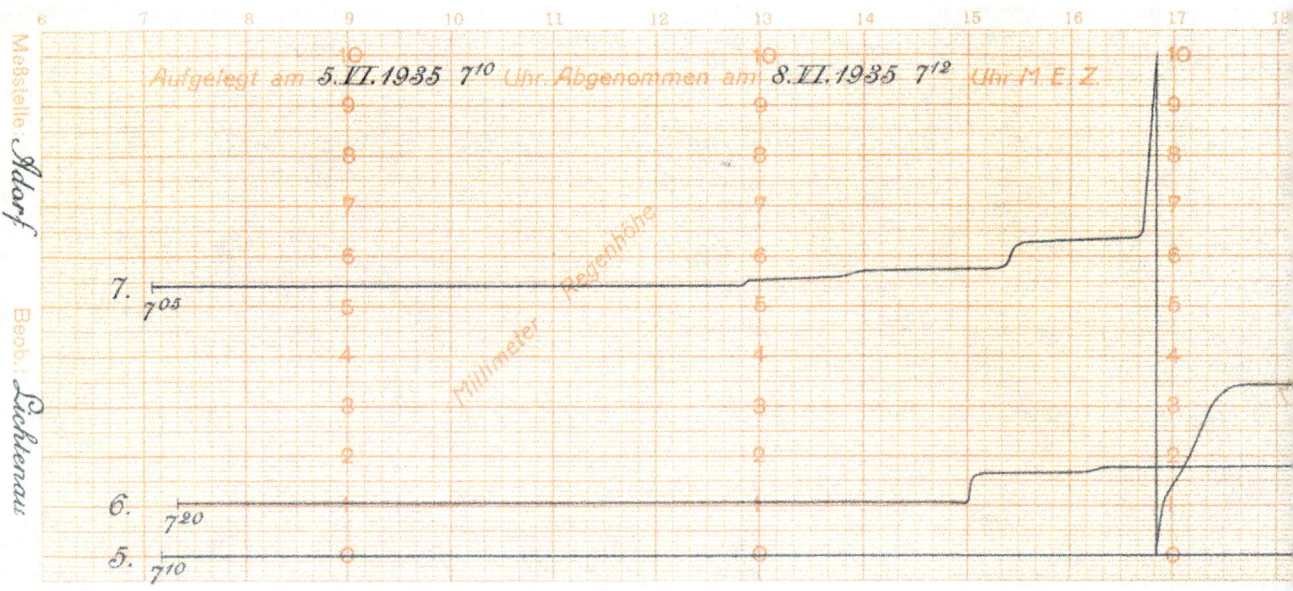

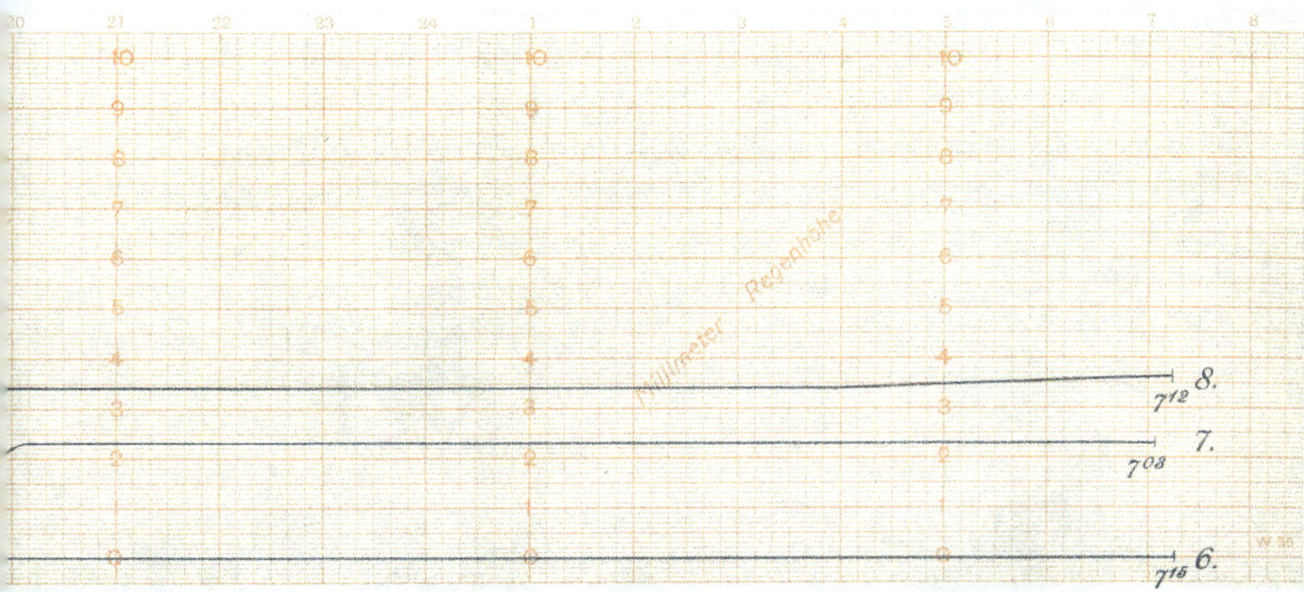

Muster.

Deutscher Reichswetterdienst

Niederschlagsmeßstelle: *Adorf* **Monat** *April* **19** 36

Kreis: *Niederbarnim*
(Oberamt, Bez.-Amt)

Provinz: *Brandenburg*
(Land, Reg.-Bez.)

Beobachter: *Lichtenau*

Zeit der regelmäßigen Messung 7¹⁰ Uhr

Höhe der Meßstelle über Normal Null H = 42 m

Höhe des Regenmessers über dem Erdboden hᵣ = 1,0 m

	1			2	3	4	5		
Tag	Niederschlagshöhe in 24 Stunden mm	Teilmessungen Zeit	Teilmessungen Höhe mm	Schneedecke Höhe insgesamt cm	Niederschlag Form (●, ⁹, ✳, △, ⚹, ▲) Stärke (⁰⁻²) Zeit (Anfang und Ende genau angeben)	Bemerkungen über ≡,∞,⌒,⌣,V,∞,⚏,Ⱪ,(Ⱪ),≺ u.a.m. mit Stärke (⁰⁻²) Zeit (Anfang und Ende genau angeben)	Schneedichte¹) Höhe der ⊠ in cm am Ausstech.	Wassergehalt mm des ausgestochenen Schnees insgesamt	von 1 cm im Durchschnitt
1				.	✳⁰ 18¹⁰—20	⌣¹ fr.			
2	0.8✳			1	✳⁰ 19⁰⁵—¹⁰	≡¹ 20—n			
3	0.0			0		⌣² fr.			
4	0.5			.	⁹ n—9	∞ n—10			
5	4.2✳			5	✳ n, ✳¹ 7—8, △ 19¹³—17, 13²⁰—³⁰, ● 18½—23½	∞² 19—23			
6	2.0✳	15⁵⁰	37.4	2	●² 15²³—⁴⁸, ▲¹ 15²⁷—³²	≡²⁻⁰ n—12, Ⱪ² nachm., ⌒ i.O. 15⁵⁵, Ⱪ¹ np.	2	3.0	1.5
7	37.4	7¹⁰	.	.					
8	.	19⁴⁵	16.5	.	●⁰—¹ 8⁵⁰—n	⌒ fr., ⊕ 7¼			
9	21.5	7¹⁰	5.0	.	●¹ 18½—19½	(Ⱪ)⁰ abd.			
10	2.2			.	●⁰ vorm., 17¼, 18¾	≺⁰ abd.			
Summe	68.6	✕	✕	✕	✕	✕	✕	✕	✕
11	0.3			.		∞ a, ⚏ 15—19			
12	0.1			.		⌒² fr.			
13	1.2			.	●¹⁻⁰ 6²⁰—9				
14	0.6			.					
15				.		— fr.			
16				.		∞ m—abd.			
17	.			.		≡¹ 20—n			
18	0.0	19²⁵	15.2	.	●⁰ 8—10, ●¹ 10—n				
19	18.0	7¹⁰	28	.	●² 19¹⁰—20¼	Ⱪ¹ 18⁵⁴—20, ⚏ Bö 19⁰⁵—¹⁰			
20	14.8			.	● n, ⁹⁰ 6²⁰—³⁰				
Summe	35.0	✕	✕	✕	✕	✕	✕	✕	✕
21	.			.		≡² fr. (vor 6)—10			
22	.			.					
23				.	●¹ 19—n				
24	4.5			.	⁹¹ 9²⁵—⁴⁰, 12¹⁵—20, ⁑ 18⁰⁵—¹⁰	⊠ 9½—11, ⚏ fr.			
25	0.8✳			.	⁹¹ 10³³—⁴⁰, 12⁵⁵—13¹⁰, 17¾, 19	⌣¹ fr.			
26	2,9			.	⁹⁰⁻¹ a öfter	⚍ abd.			
27	1.5			.					
28				.					
29	.			.	●⁰ nachm. m.U., ●¹⁻² 17—18, ●⁰ 20—n				
30	4.3			.		(Ⱪ)¹ n			
31	.			.					
Summe	14.0	✕	✕	✕	✕	✕	✕	✕	✕

Mon.-Summe 117.6 Größte tägliche Niederschlagshöhe: 37.4 mm am 7.

Zahl der Tage mit

mindestens 10,0 mm Niederschlag	4	mindestens 0,1 mm Schnee	4
„ 1,0 „ „	12	Schneedecke ⊠ 0 cm u. mehr	4
„ 0,1 „ „	18	„ ⊠ 1 „ „ „	3

Anm. ¹) Nur auszufüllen, wenn ein Schneeausstecher vorhanden ist

Ergänzende Bemerkungen

Am 2. früh bis 9½ Schneeglätte auf der Straße.

Lichtenau
....
(Unterschrift des Beobachters)

R. f. W. M 15 m. (1936)

Gewitterbeobachtungen

Tag	1 Nah- ᛕ Fern- (ᛕ) Wetterleuchten ᛋ Gewitter	2 Zugrichtung von-(über)-nach	3 Zeitangaben Beginn (Erster Donner)	4 Größte Nähe des Gewitter	5 Ende (Letzter Donner)	6 Gewitterbö Eintrittszeit	Richtung aus	Stärke 1—12	7 Bemerkungen
6.	ᛕ²	SW-O	15¹³	15³⁵	16¼	15¹⁹	W	9	Von der Bö wurden mehrere starke Bäume entwurzelt.
6.	ᛋ¹	NO	20		n				
9.	(ᛕ)⁰	W-S-SO	18¹⁰		19				
10.	ᛋ⁰	NW-N	abd.		?				
19.	ᛕ¹	S-NO	18⁵⁴	19²⁰	20	19⁰⁵	SW	8	Ein Blitzschlag in den Blitzableiter des Kirchturms.
30.	(ᛕ)¹	NW-O	etw. 1		etw. 2½				

Auf der umstehenden Seite ist in Spalte 4 unter dem Datum des Beobachtungstages das auf dieser Seite in Spalte 1 eingetragene Zeichen (ᛕ, (ᛕ), ᛋ) mit kurzer Zeitangabe zu wiederholen.

Die fertig berechneten Monatstabellen sollen spätestens am 3. des darauffolgenden Monats abgeschickt werden.

	1	2	3
Tag	**Messung morgens** Niederschlagshöhe mm	Gesamt-Schneedecke cm	Aufzeichnungen über Form, Stärke (0-2) und Zeit (Anfang und Ende) der Niederschläge (●,⁊,✳,▲,⚹,△) und sonstiger Witterungserscheinungen (≡,∞,⌂,⌣,V,∞,ᚱ,(ᚱ),ᚲ,ᚹ usw.). Auch Zeitpunkt und Ergebnis von **Teilmessungen**.
5 Sonntag	4.2 ✳	5	✳ n, ✳¹ 7—8, △¹ 9¹³⁻¹⁷, ⚹¹ 13²⁰⁻³⁰, ●⁰ 18¹/₂—23¹/₂ ∞² 19—23
6 Montag	2.0 ✳	2	≡²⁻⁰ n —12, ●² 15²³⁻⁴⁸, ▲¹ 15²⁷⁻³², ᚱ² nachm., ⌒¹ i. O. 15⁵⁵, ᚲ¹ n p 15⁵⁰ Teilmessung 37.4 mm
7 Dienstag	37.4	.	7¹⁰ Hauptmessung (Anmerkung für die Beobachter: Bei diesem Beispiel hat es nach der Teilmessung nicht mehr geregnet; daher ist 37.4 auch als Tagessumme eingetragen worden.)
8 Mittwoch	.	.	⌂ fr., ●⁰—1 8⁵⁰—n, ⊕ 7¹/₄ 19⁴⁵ Teilmessung 16.5 mm

Regenmesser täglich morgens nachsehen. Für die Messung nur das Meßglas des Reichswetterdienstes benutzen. Die Höhe der Gesamtschneedecke bei Schneelage morgens messen.

Sämtliche Aufzeichnungen über die Witterungserscheinungen mit möglichst genauen Zeiten (Anfang und Ende) angeben. — Die **Gewitterbeobachtungen** der Woche werden auf der nebenstehenden Seite eingetragen. Die Eintragungen sind bei Bedarf auf den leeren Seiten des Tagebuches fortzusetzen.

	1	2	3
Tag	**Messung morgens** Niederschlagshöhe mm	Gesamt-Schneedecke cm	Aufzeichnungen über Form, Stärke (0-2) und Zeit (Anfang und Ende) der Niederschläge (●,⁊,✳,▲,⚹,△) und sonstiger Witterungserscheinungen (≡,∞,⌂,⌣,V,∞,ᚱ,(ᚱ),ᚲ,ᚹ usw.). Auch Zeitpunkt und Ergebnis von **Teilmessungen**.
9 Donnerstag	21.5	.	7¹⁰ Hauptmessung 5.0 mm ●¹ 18¹/₂—19¹/₂, (ᚱ)⁰ abd.
10 Freitag	2.2	.	●⁰ vorm., 17¹/₄, 18³/₄, ᚲ⁰ abd.
11 Sbd. Sam.	0.3	.	∞ a, ᚹ 15—19.

	Ergänzende Gewitterbeobachtungen in der Woche vom 5.—11. April					
1	Tag (Datum) Erscheinung mit Stärke	6. ᚱ²	6. ᚲ¹	9. (ᚱ)⁰	10. ᚲ⁰		
2	Zugrichtung (von — (über) — nach)	SW—O	NO	W—S—SO	NW—N		
3	Erster Donner gehört um Bei Wetterleuchten: Anfang	15¹³	20	18¹⁰	abd.		
4	Größte Nähe des Gewitters	15³⁵	.	.	.		
5	Letzter Donner gehört um Bei Wetterleuchten: Ende	16¹/₄	n	19	?		
6	Gewitterbö Stärke Zeit: Richtung aus (1-12)	15¹⁹ W 9	. . .	. . .	. . .		

Fortsetzung der Gewitteraufzeichnungen auf Seite 62 des Tagebuches

www.ingramcontent.com/pod-product-compliance
Lightning Source LLC
Chambersburg PA
CBHW081341190326
41458CB00018B/6066